空心列车轴楔横轧多楔同步轧制技术与装备

束学道 著

科学出版社

北京

内 容 简 介

本书较系统阐述空心列车轴多楔同步轧制技术与装备。

本书的创新之处是打破传统锻造成形车轴工艺,改进了多楔同步轧制新技术成形空心列车轴,既可实现空心列车轴低成本、高效、高性能精确体积成形,也符合国家的战略发展方向需求。

本书主要阐述空心列车轴楔横轧多楔同步轧制力学与微观模型,空心列车轴的模具设计、轧制成形机理、工艺参数对力能参数的影响、成形质量控制、微观成性控制及轧制装备设计。

本书可供从事冶金轧制、机械锻造等研究的科研工作者、技术人员,以及高等院校相关专业的师生参考。

图书在版编目(CIP)数据

空心列车轴楔横轧多楔同步轧制技术与装备 / 束学道著. —北京:科学出版社,2021.7

ISBN 978-7-03-067699-3

Ⅰ.①空⋯ Ⅱ.①束⋯ Ⅲ.①列车-轴承-轧制-研究 Ⅳ.①TH133.3

中国版本图书馆 CIP 数据核字(2020)第 262408 号

责任编辑:童安齐 / 责任校对:王 颖
责任印制:吕春珉 / 封面设计:东方人华设计部

科学出版社 出版
北京东黄城根北街 16 号
邮政编码:100717
http://www.sciencep.com

北京中科印刷有限公司 印刷

科学出版社发行　各地新华书店经销

*

2021 年 7 月第 一 版　　开本:B5(720×1000)
2021 年 7 月第一次印刷　　印张:13
字数:250 000

定价:98.00 元
(如有印装质量问题,我社负责调换〈中科〉)
销售部电话 010-62136230　编辑部电话 010-62137026

前　　言

目前我国交通运输业飞速发展，高速列车在其中的骨干作用功不可没。高速重载是高速运输中长期追求的目标，解决这一问题的关键是构件的轻量化，所以当今高速列车轴普遍采用空心车轴。它不仅能满足车轴的强度要求，而且还能大大减小列车的簧下质量，提高动车组运行的平稳性和安全性。

随着铁路运营里程的快速增长和铁路运输的进一步提速，车轴数量不断增加，其质量要求也越来越高。目前我国 2020 年高速列车的保有量达到 8 000 列，对应的空心列车轴需求量超过 100 万根，需求量巨大。现阶段空心车轴成形方法主要是采用空心毛坯精锻成形，成本高、材料利用率为 65%～73%，成形工艺复杂、技术难度大，其核心技术主要为日本、德国、法国等发达国家所掌握。目前我国高速空心列车轴主要依赖进口，在一定程度上阻碍了我国高速铁路高端装备制造业的发展。探索楔横轧多楔同步轧制技术精确成形空心列车轴，对于实现车轴国产化、满足当今资源节约型社会的需求具有重要的理论价值和工程意义。

零件轧制成形发展趋势是向高性能精确成形方向汇聚，朝着轻量化、高性能、低成本、能源高效利用和环境友好的方向发展，并将发展先进装备制造业和绿色制造作为重点发展方向。现有车轴成形工艺难以实现零件的精确成形。楔横轧多楔同步轧制是成形轴类零件的先进方法，具有节省辊面且显著降低设备本体尺寸、提高生产效率和材料利用率等优点，因此，本书打破传统工艺，改进多楔同步轧制新技术成形空心列车轴，既可实现空心列车轴的高性能精确体积成形，也符合国家的战略发展方向需求，这也正是撰写本书的初衷。

楔横轧多楔同步轧制技术应用于空心列车轴的精密成形，势必为空心列车轴成形带来一场技术革新。为此，本书作者在浙江省杰出青年基金"高速列车空心车轴多楔同步轧制成形理论研究（R1110646）"的资助下，对此项目进行多年攻关，解决了楔横轧多楔同步轧制空心列车轴稳定轧制、壁厚与微观组织均匀性、长轴部分轧制过渡光滑等一系列关键技术问题，建立了空心列车轴多楔同步轧制理论，并进行相应的设备设计研究，其中空心列车轴多楔轧制工艺与设备研究成果之一——"楔横轧非对称轴类件及无料头近净技术"获得 2017 年教育部高等学校科学研究优秀成果奖技术发明二等奖。本书就是在上述研究基础上撰写而成的。本书的撰写，旨在介绍将楔横轧多楔同步轧制技术应用于国内空心列车轴的精密成形，实现以轧代锻，为空心列车轴的高效化、国产化、经济化生产提供新的思路。

本书共 8 章，第 1 章针对空心列车轴现有工艺存在的问题，阐述铁路车轴国内外研究现状及发展动态，提出楔横轧多楔同步轧制是成形空心列车轴的最佳工艺，并给出实施该工艺需解决的关键问题和研究的具体内容；第 2 章推导出空心列车轴稳定轧制条件，建立 25CrMo4 钢高温流变本构模型、动态再结晶动力学模型及动态再结晶晶粒的尺寸模型；第 3 章对楔横轧多楔同步轧制空心列车轴件模具设计中的基本工艺参数和重要工艺参数的选取原则和计算公式进行推导，给出空心列车轴模具设计的两种成形方案，设计出二楔和三楔多楔轧制空心列车轴模具；第 4 章对楔横轧多楔同步成形空心列车轴进行有限元仿真，分析应力场和应变场，特征点应力-应变的变化及工艺参数对其影响，阐明楔横轧多楔同步轧制成形空心列车轴成形机理；第 5 章运用仿真和轧制试验手段，详细研究工艺参数力能参数的影响；第 6 章对椭圆度、壁厚均匀性和长轴过渡光滑进行系统研究，阐明其成因及影响因素，给出控制成形质量措施；第 7 章通过楔横轧空心列车轴微观组织数值模拟，阐述空心列车轴轧制过程中楔入段、展宽段和精整段的微观组织演变规律，揭示工艺参数对 25CrMo4 钢空心列车轴平均晶粒尺寸的影响规律；第 8 章针对空心列车轴多楔轧制成形的特点，进行空心列车轴楔横轧多楔同步轧制轧机设计。

在本书撰写过程中，得到浙江省零件轧制成形技术研究重点实验室和宁波大学机械学院的领导和老师的支持，在此表示衷心而诚挚的感谢。特别要感谢彭文飞副教授、孙宝寿副教授、黄海波教授在研究生培养方面给予的悉心指导。感谢浙江省自然科学基金委员会、科技部和国家自然科学基金委员会在项目研究经费方面给予的大力支持。感谢王英副教授、殷安民讲师在指导研究生工作中给予的支持；感谢郑书华博士、俞澎辉硕士、曾学磊硕士、张挺硕士在本书内容研究工作中所做的大量工作，以及张松博士生、夏迎香博士生的辛勤付出。

由于作者水平所限，书中难免还存在一些不妥之处，殷切希望读者批评指正。

目　录

1 绪 论

随着交通运输业的飞速发展，铁路在我国交通运输体系中骨干作用愈加突出，高速重载是运输中长期追求的目标，解决这一问题的关键是构件的轻量化，故高速列车轴普遍采用空心车轴。目前我国高速列车的空心列车轴需求量巨大，但主要依赖进口，在一定程度上阻碍了我国高铁高端装备制造业的发展，为此本章将针对空心列车轴现有技术存在的问题进行分析，给出合理化成形方法。

1.1 空心列车轴现有制造工艺及存在的问题

"高铁时代"，铁路车辆轮轴技术水平的提高，成为我国铁路提速、重载技术发展的重要技术支撑。用空心轴替代实心轴实现传动，可有效降低簧下质量、减小高速运行环境下列车对轮轨的作用力、显著节约材料等。目前，空心列车轴已在高速列车上普遍应用。

高速列车上所用的空心轴是厚壁空心轴[1]。厚壁空心轴制造方法有三种：第一种是自由锻成形实心轴后，再利用深孔钻钻内孔，此加工方法对轴类坯料局部高速冲击成形，材料利用率、效率和成品率都很低，后续精加工成本高；第二种是直接采用数控车床成形空心列车轴，此类方法生产效率高，但加工切断了金属流线，破坏了金属内部微观组织，易导致内部出现裂纹，威胁到列车运行安全；第三种是采用径向锻造后利用深孔钻钻内孔，径向锻造每次变形量很小，变形均匀，设备能耗低且锻件精度高，虽然此方法对比自由锻成形方法节省材料，但其存在后续机加工消耗较大，设备投资大、成本高等缺点。表 1.1 是精锻成形 RD2 实心列车轴的精度指标[2]。由表 1.1 可知，精锻车轴材料耗损太大，精锻不是最佳工艺的选择。楔横轧成形厚壁空心轴，成形精度高、材料利用率高且工序少、成本低，后续仅需少量加工或不再加工。从微观角度，楔横轧空心轴后的产品，晶粒度细密且组织均匀，可提高空心轴的机械性能，提高产品质量、节约能源消耗。

表 1.1 精锻成形 RD2 实心列车轴的精度指标

生产效率/（根/min）	材料利用率/%	径向尺寸精度/mm	全长直线度/mm	径向单边余量/mm	表面粗糙度/μm
0.3	65~73	±1	<3	5~6	12.5~200

高速铁路空心列车轴（图 1.1）的结构特点是空心且等径部分较长。对比楔横轧实心轴，空心轴的旋转条件差，轧制中甚至会出现失稳压扁等现象，轧件横截

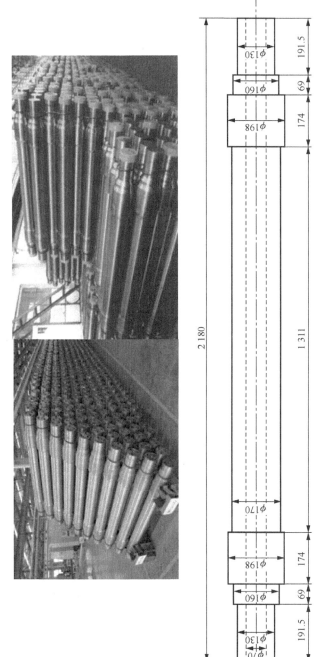

图 1.1　高速铁路空心列车轴（单位：mm）

面易出现椭圆；等径部分较长，轧制中易出现弯曲、堆料、叠皮、壁度不均匀等现象。因此，选择楔横轧工艺成形空心列车轴，设计合理的楔横轧模具和选定合理的工艺参数是解决以上问题的关键所在。

铁路大功率机车（重载货车牵引用）的车轴材料目前都采用低合金调质钢25CrMo4，即EA4T，此钢是欧洲标准（EN13261：2003）规定的高速、重载铁路车轴用钢，国外许多大功率机车和高速列车用车轴都采用这一标准[3]。可见，为了实现楔横轧成形的空心列车轴具有内部均匀的细晶粒组织，达到不低于6级的晶粒尺寸精度且晶粒分布均匀，弄清楚该材料在轧制过程中的微观组织演变规律及晶粒尺寸模型是亟待解决的问题。

因此，探索高速铁路空心列车轴精密成形工艺，实现其形性一体化控制势在必行。

1.2　空心列车轴国内外研究现状及发展动态

自1825年世界第一条铁路诞生以来，世界各国铁路研究工作的专家、学者一直在为提高列车的运行速度做着不懈的努力。到20世纪八九十年代，法国、德国、日本用电力机车牵引试验速度达到400km/h以上，特别是法国1990年试验速度达到515.3km/h的世界最高纪录。目前世界上运行速度在200km/h以上的列车营运里程已超过15 000km/h[4]。与此同时，国外铁路机车及车辆的相关技术也在不断提高，在新型车轴设计和制造技术方面，早在20世纪60年代，苏联乌拉尔车辆制造厂、车辆制造科学研究院等单位，率先进行制造轴重22t空心列车轴研制工作，为论证空心轴的合理结构和制造工艺做出了较大的贡献。Новиков[5]对轴重25t空心列车轴进行了研究，开发了轴重22t和25t的空心列车轴，指出这种空心列车轴具有减轻车辆自重、降低车辆与轨道间作用力等优点。礒村修二郎[6]对铁道车辆车轴疲劳强度进行了研究，指出车辆高速化以后，正确掌握车辆的疲劳强度是极其重要的，通过对实物车轴变量载荷疲劳试验，分析了铁道车辆用车轴疲劳强度。Domblesky等[7]运用有限元方法模拟分析了径向锻造大直径管坯的工艺过程，指出了影响径向锻造的一些主要因素。Showky等[8]给出了空心轴加工过程的传感器测试方法。Jang等[9]运用三维非线性有限元方法研究了车轴的径向锻造过程中的应力情况，给出了相应的有限元模型。石家弘道探讨了空心列车轴进一步轻量化的几个途径，其中空心列车轴内孔形的结构对设计锻造模具有指导意义[10]。由于空心轴较实心轴在技术经济上有明显的优越性，如降低钢材消耗量、减少车辆非生产运输费用、方便日常维护和探伤等等，因而被欧洲、日本等发达国家的铁路车辆所采用。

我国高速铁路发展虽然起步较晚，但近几年发展较快，对空心列车轴的需求量和性能要求大大提高，为此对空心列车轴也进行了相应的研究，取得了一定的

研究成果。曹志礼等[11]对高速客车空心列车轴的结构设计特点和结构强度做了有
限元分析，阐述了我国时速 250km 高速客车空心列车轴的设计特点，并通过有限
元计算、轮对压装强度分析、微动腐蚀分析、模态分析以及壁厚偏差分析等说明
了其具有足够的强度和刚度，可以满足高速运行的要求。黄志辉[12]对我国首台高
速动车空心列车轴的结构进行了设计，确定了空心列车轴轴身的内外径、轮座直
径与轴身直径比、过渡圆弧半径及突悬量的选择。孟宏等[13]通过对空心列车轴的
几个特殊截面的疲劳强度进行了计算，并对整体空心列车轴进行了离散、强度分
析及计算。顾一新[14]、杨军等[15]和廖学文[16]对高速电力机车车轴锻造工艺、空心
轴加工方法进行了探讨，对 SS8 型机车空心轴轴头热压工艺及其模具进行了设计，
指出机车高速化对车轴的综合机械性能要求较高，采用 42CrMo 钢材质可满足设计
要求。吴起才[17]以高速机车空心列车轴研究入手，按空心列车轴模态和疲劳强度
计算，分析了 200km/h 速度等级以上的高速机车空心列车轴的强度。廖焰等[18]对
新型空心火车车轴重要结构参数进行了有限元分析。朱静等[19]对高速列车空心列
车轴国产化的选材和试制进行了探讨，通过全尺寸实物疲劳试验，成功试制了
30NiCrMoV12 钢轴。这些工作为空心列车轴锻造技术开发提供了理论依据，但国
内这些研究大部分都是采用自由锻造技术，国内采用精锻空心列车轴的研究报道
很少。

　　楔横轧是一种高效节能节材的轴类零件先进成形技术，与传统的切削、锻造
成形方法比较，楔横轧生产效率提高 3～10 倍，节材提高 10%～30%，综合性能
提高 20%左右；与锻造相比，工作载荷下降 90%，模具寿命提高近 10 倍，成本
平均下降 30%，因此楔横轧是成形轴类零件最佳工艺。随着楔横轧工艺技术的不
断推广与完善，我国也尝试采用楔横轧工艺成形铁道车轴。吴任东[20]在胡正寰院
士指导下针对火车车轴尺寸大的特点，在楔横轧火车轴工艺方法研究中提出多楔
轧制的设计思想，对火车 RD2 轴进行 1∶5.5 模拟轧制试验，结果表明多楔成形
火车车轴是可行的。束学道等[21]对楔横轧多楔轧制铁道车轴关键问题进行较详细
的研究，对楔横轧轧制大轴可行性进行了详细的分析，阐明了楔横轧多楔轧制铁
道车轴成形机理，首次给出了楔横轧多楔轧制铁道车轴模具的设计原则。俞澎辉[22]、
郑书华等[23]对楔横轧多楔轧制高速列车空心列车轴展开了深入研究，在理论与试
验相结合的基础上，试验轧制出 1∶5 高速列车空心列车轴，该课题组已设计完成
多楔轧制空心列车轴设备，但由于模具和设备较大，制造成本高，目前还未投入
制造，楔横轧多楔同步轧制 1∶1 空心列车轴未见报道。

1.3　空心列车轴楔横轧多楔同步轧制的优势

　　由 1.2 节分析可知，楔横轧技术是一种连续局部的塑性成形工艺，作为一种
旋转轴类零件成形的新工艺、新方法，它是先进近净成形技术的重要组成部分，

且与传统锻造法成形轴类件比较，具有显著节材、生产效率高等优点[24]。

　　楔横轧工艺从发明到应用有半个多世纪的历史，在 1961 年，捷克斯洛伐克首先将该工艺应用到实际中，当时的主要产品是小型的五金工具、汽车零部件等，从而成为一种轴类加工的新方法和新工艺。之后该方法应用的范围越来越广，目前应用该工艺开发的产品多达 500 多种[25-26]。楔横轧的工作原理是轧件在两个带楔形模具的同向转动作用下，产生径向压缩和轴向延伸，一次轧制成形对应的轴类零件，最终形成各种台阶形状的轴类零件。多楔同步特种轧制是具有多个楔形的模具同时对轧件进行径向压下和轴向延伸的塑性成形，是一种先进的轴类零件成形技术[27]，它的工作原理如图 1.2 所示。

图 1.2 多楔轧制原理图

　　两个具有多个楔形模具的轧辊，以相同的方向旋转并带动圆形轧件旋转，轧件在楔形孔形的作用下，轧制成各种形状和长度的轴类零件。楔横轧的变形主要是径向压缩和轴向延伸。在轧制过程中，轧件基本上受到轧辊三个外力作用，即径向轧制力 P，切向摩擦力 T 和轴向力 Q，当轧件较长时，还应考虑轧辊与轧件之间的轴向摩擦力。轧辊给轧件的径向轧制力 P，使轧件径向压缩变形，轧辊给轧件的切向摩擦力，使轧件产生旋转，这样才可以维持轧件径向压缩变形能连续进行。由于轧件是在轧辊孔型中变形，轧件还要受到一个轴向力 Q 的作用，它促使或阻止轧件产生延伸变形。在这些外力的作用下，轧件内部的变形过程和金属流动规律很复杂，并且多楔同步特种轧制过程中，楔与楔之间还存在复杂的相互制约关系。

　　楔横轧多楔轧制最大的优点是其超高的生产效率和节材率，该工艺作为一种连续的塑性成形工艺，其生产效率相对传统锻造和机加工能最高能达到 7 倍；材料利用率高达 80%～95%；轧制成形的零件具有精度高、表面质量好、金属流线好等优点；楔横轧模具在工作中受到载荷较锻造而言，由于没有锻造的周期性冲击，这样楔横轧具有轧制设备较小且模具寿命较长等降低生产成本的优势；而且多楔楔横轧相对单楔而言，可以显著节省辊面，降低昂贵的模具材料费用；多楔成形后的零件，其晶粒度能得到很好的细化，零件的疲劳强度和力学性能有较大的提升。缺点是通用性差、模具复杂、整个过程需要热轧、应用范围一般只适用于轴类等。因此，楔横轧多楔轧制基本适用大批量长轴类零件成形，如大型发电机轴、高速列车车轴及大型长轴类零件[28-29]。

表 1.2 为空心列车轴成形方法比较。表 1.3 为空心列车轴成形工艺设备与技术对比。可见，采用楔横轧多楔同步轧制成形高速列车空心轴，不仅能实现"以轧代锻"这一技术趋势，提高生产效率和材料利用率，而且能节省高昂的投资成本；同时多楔轧制成形的空心列车轴具有组织致密、机械性能好、加工余量小、对环境污染小等优点。同单楔楔横轧工艺相比，多楔模具还具有显著减小模具尺寸、减少轧制设备重量、降低生产成本等优点。因此，多楔同步轧制是成形空心列车轴较为合理的工艺。

表 1.2　空心列车轴成形方法比较

成形工艺	自由锻	精锻	多楔轧制
生产效率[万根/（台·a）]	0.2	1	10
材料利用率/%	50	65~68	85 以上

表 1.3　空心列车轴成形工艺设备与技术对比

工艺	自由锻	精锻	多楔轧制
空心列车轴生产线成形设备	液压锻机	T700 精锻机	H1600 轧机
生产线成本	约 3 000 万元	约为 1.2 亿元	约 6 000 万元
技术储备	基本淘汰	欧洲、日本掌握	国内具备研究实力

1.4　空心列车轴楔横轧多楔同步轧制的关键问题与研究内容

楔横轧多楔同步轧制虽然是成形空心列车轴的最佳工艺，但要实现该工艺，必须解决如下关键问题。

1）确保空心列车轴楔横轧多楔同步稳定轧制

如何确定合理的工艺参数和多楔同步楔与楔之间关系的匹配，保证稳定轧制，是楔横轧多楔同步轧制成形空心列车轴的一个关键科学问题。通过有限元数值模拟，分析空心列车轴多楔同步轧制楔与楔之间布置及工艺参数与稳定轧制的定量关系，建立空心列车轴稳定轧制时最优参数确定原则，阐明稳定轧制条件。

2）保证楔横轧多楔同步轧制成形空心列车轴壁厚均匀与微观组织均匀

空心列车轴轧制的关键是要保证轧制过程中轧制部分的变形均匀与微观组织均匀。通过建立楔横轧多楔同步轧制成形空心列车轴相互耦合的有限元模型，分析楔横轧多楔同步轧制成形空心列车轴轧制域内轧件变形和晶粒分布规律，给出楔横轧多楔同步轧制成形空心列车轴保证壁厚均匀和微观组织均匀的最优工艺参数确定原则。

3）保证空心列车轴楔横轧多楔同步轧制长轴部分光滑

如何保证多楔同步轧制长轴部分光滑，是保证楔横轧多楔同步轧制成形空心列车轴质量良好的关键。通过研究空心列车轴多楔轧制金属移动量规律，外楔的位置、形状与空心列车轴中间部分光滑质量的关系，给出空心列车轴最佳过渡角的原则。

为解决上述关键问题，需开展如下研究工作：

（1）推导楔横轧多楔同步轧制空心列车轴的旋转条件和稳定轧制条件，获得空心列车轴楔横轧压扁失稳的准则。

（2）通过 Gleeble-3500 型热模拟机的热模拟试验，对低合金调质钢 25CrMo4 的力学行为、动态组织变化进行研究和分析，获得 25CrMo4 钢材料的高温流变本构模型，建立动态再结晶动力学模型和动态再结晶晶粒的尺寸模型。

（3）建立刚塑性有限元模型，进行多楔同步轧制空心列车轴的数值模拟，阐明不同阶段的变形机理和力能参数的变化规律。

（4）分析轧件的成形质量，阐明不同工艺参数对椭圆度和壁厚均匀性的影响关系，确定控制椭圆度、保证壁厚均匀性及最佳工艺参数的选取原则。

（5）分析不同阶段微观组织形貌，阐明轧件晶粒大小、分布与工艺参数的关联，揭示多楔轧制空心列车轴的微观组织演变规律。

（6）设计与工艺配套的空心列车轴轧制设备，为本工艺的实施提供设备保障。

1.5　本章小结

本章针对空心列车轴现有工艺存在的问题，阐述了铁路车轴国内外研究现状及发展动态，在此基础上，提出楔横轧多楔同步轧制是成形空心列车轴的最佳工艺，并给出实施该工艺需解决的关键问题和研究的具体内容。

参　考　文　献

[1] 周嵘. 浅谈高速动车组空心列车轴加工工艺及设备[J]. 机车车辆工艺, 2008（3）: 8-9.

[2] 李传民, 束学道, 胡正寰. 楔横轧多楔轧制铁路车轴可行性有限元分析[J]. 中国机械工程, 2006, 17（19）: 2017-2019.

[3] 覃作祥, 李芷慧, 周鹏. 25CrMo4 钢先共析铁素体转变及其对力学性能的影响[J]. 大连交通大学学报, 2011, 32（5）: 62-66.

[4] 鞠家星. 加强技术创新, 加快铁路产业升级[J]. 中国铁路, 2000（9）: 4-9.

[5] HOBИKOB B.B. 轴重 25t 空心列车轴[J]. 国外铁道车辆, 2003（4）: 39-41.

[6] 礒村修二郎. 铁道车辆车轴疲劳强度的研究[J]. 国外铁道车辆, 1992（1）: 27-29.

[7] DOMBLESKY J P, SHIVPURI R, PAINTER B. Application of the finite-element method to the radial forging of large diameter tubes[J].Journal of Materials Processing Technology, 1995（49）：57-74.

[8] SHOWKY A, ROSENBERGER T, ELBESTAWI M. In-process monitoring and control of thickness error in machining hollow shafts[J]. Mechatronics, 1998（8）：301-322.

[9] JANG D.Y, LION J.H. Study of stress development in axis-symmetric products processed by radial forging using a 3-D non-linear finite-element method[J].Journal of Materials Processing Technology, 1998（74）：74-82.

[10] 石冢弘道. 车轴轻量化的途径[J].国外铁道车辆，1998（2）：35-39.

[11] 曹志礼，王勤忠. 高速客车空心列车轴的研究[J]. 铁道车辆，1995（7）：5-9.

[12] 黄志辉. 我国首台高速动力车空心列车轴结构设计及工艺[J]. 机械设计，1998（5）：25-27.

[13] 孟宏. 200km/h 交流传动电力机车空心列车轴研究[J]. 科技动态，2003（3）：1-3.

[14] 顾一新. 轮对内空心轴加工方法探讨[J]. 电力机车技术，1996（2）：27-29.

[15] 杨军，余毅云. 高速电力机车车轴锻造工艺探讨[J]. 电力机车技术，2000（3）：29-31.

[16] 廖学文. SS8 型机车空心轴轴头热压工艺及其模具设计[J]. 电力机车技术，1999（1）：21-22.

[17] 吴起才. 高速机车空心列车轴[J]. 机械管理开发，2009，24（2）：3-5.

[18] 廖焰，刘建生，陈慧琴. 新型空心火车车轴重要结构参数有限元分析[J]. 太原科技大学学报，2007，28（6）：446-450.

[19] 朱静，顾加琳，周惠华，等. 高速列车空心列车轴国产化的选材和试制[J]. 中国铁道科学，2015，36（2）：60-67.

[20] 吴任东. 楔横轧火车车轴工艺方法研究[D]. 北京：北京科技大学，1995.

[21] 束学道，李传民，胡正寰. 多楔同步轧制铁路车轴模具设计关键技术研究[J]. 北京科技大学学报，2007，29（2）：159-161.

[22] 俞澎辉. 高速列车空心列车轴楔横轧多楔轧制成形关键技术研究[D]. 宁波：宁波大学，2013.

[23] 郑书华，束学道. 楔横轧多楔轧制高速列车空心列车轴壁厚均匀性[J]. 工程科学学报，2015（5）：648-654.

[24] 胡正寰，张康生，王宝雨，等. 楔横轧零件成形技术与模拟仿真[M]. 北京：冶金工业出版社，2004.

[25] 胡正寰，张巍. 楔横轧在汽车等轴类零件上的应用与发展[J]. 金属加工（热加工），2010（5）：14-16.

[26] 彭文飞. 楔横轧非对称轴类件成形机理及其关键技术研究[D]. 北京：北京科技大学，2011.

[27] 束学道，李传民，胡正寰. 多楔同步轧制铁路车轴模具设计关键技术研究[J]. 北京科技大学学报，2007，S2：159-161.

[28] 束学道. 楔横轧多楔同步轧制理论与应用[M]. 北京：科学出版社，2011.

[29] 任广升. 楔横轧三维变形光塑性模拟研究[J]. 吉林工业大学学报，1992，22（2）：86-91.

2 空心列车轴楔横轧多楔同步轧制力学与微观模型

楔横轧多楔同步轧制空心列车轴的旋转和稳定轧制条件是多楔同步轧制能否实现的前提，通过建立多楔同步轧制的力学模型，在实心轴的基础上，推导旋转和稳定轧制条件；为了建立空心列车轴多楔同步轧制热-力-组织相互耦合有限元模拟模型，深入研究其微观成性规律，本章将对25CrMo4钢动态再结晶行为进行热模拟试验，获得不同变形条件下的合金钢的真应力-应变数据，在此基础上，采取数据回归方法，可获得该材料高温流变本构模型、动态再结晶动力学模型及动态再结晶晶粒的尺寸模型。

2.1 空心列车轴多楔同步轧制旋转条件

旋转条件是决定空心列车轴楔横轧多楔同步轧制能否顺利进行的首要条件。图2.1是轧制实心列车轴和空心列车轴的力学模型。

空心列车轴轧制时，径向刚度比实心列车轴的差，在同一区域轧制时，空心列车轴的扩大变形和接触区域会变大，接触区域由图2.1（a）中所示实心轴的 AB 弧段变化为图2.1（b）中所示实心轴的 AC 弧段，扩大了弧段 BC 对应的角 θ。基于实心列车轴多楔轧制旋转条件[1]可知，若各楔的参数选取相同，则存在 $d_{P_1} = d_{P_2} = d_{P_3} = \cdots = d_P$，$d_{F_1} = d_{F_2} = d_{F_3} = \cdots = d_F$，$P_1 = P_2 = P_3 = \cdots = P$，则空心列车轴旋转时，轧辊与轧件间的摩擦系数需满足

$$\mu \geqslant \frac{d_P}{d_F} \tag{2.1}$$

$$d_F = d\cos\left(\frac{\varphi + \theta}{2}\right) \tag{2.2}$$

$$d_P = (D + d)\sin\left(\frac{\varphi + \theta}{2}\right) \tag{2.3}$$

式（2.2）及式（2.3）代入式（2.1），得到式（2.4）

$$\mu \geqslant \left(1 + \frac{D}{d}\right)\tan\left(\frac{\varphi + \theta}{2}\right) \tag{2.4}$$

上述式中：d、D 为轧件直径与轧辊直径；d_F、d_P 为 F_i 和 P_i 间的距离（F_i、P_i 为第 i 个楔作用的横向摩擦力与法向压力）；μ 为摩擦系数；φ 为 AB 弧段圆弧角；θ 为 BC 弧段圆弧角。

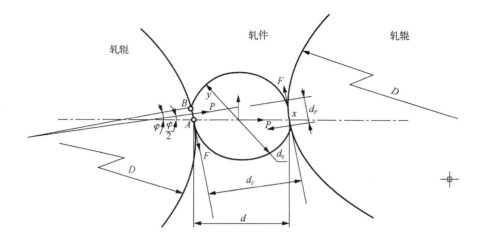

（a）实心列车轴轧制的力学模型

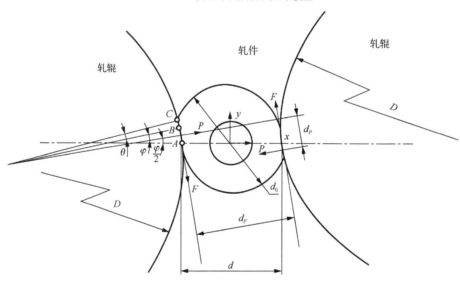

（b）空心列车轴轧制的力学模型

d、D 分别为轧件直径和轧辊直径。

图 2.1　实心列车轴和空心列车轴的力学模型

设 m 为椭圆率参数，接触区 AB、AC 的接触弧长度 L_{AB}、L_{AC} 定义如下：

$$L_{AB} = L_s = \frac{D}{2}\varphi \tag{2.5}$$

$$L_{AC} = L_h = \frac{D}{2}(\varphi + \theta) \tag{2.6}$$

$$m = \frac{L_h}{L_s} = \frac{L_{AC}}{L_{AB}} = 1 + \frac{\theta}{\varphi} \tag{2.7}$$

式中：L_s 为实心轴接触弧长度；L_h 为空心轴接触弧长度。

由式（2.7），可知，

$$\theta = (m-1)\varphi \tag{2.8}$$

将式（2.8）代入式（2.4），有

$$\mu \geqslant \left(1+\frac{D}{d}\right)\tan\left(\frac{m\varphi}{2}\right) \tag{2.9}$$

因为 $\frac{\varphi}{2}$ 很小，所以

$$\tan\left(\frac{m\varphi}{2}\right) \approx m\tan\left(\frac{\varphi}{2}\right) \tag{2.10}$$

图 2.2 为实心列车轴和空心列车轴轧制的压缩变形图，其几何关系为

$$\tan\left(\frac{\varphi}{2}\right) = \sqrt{\frac{dZ+Z^2}{D(D+d)}} \tag{2.11}$$

$$Z = \frac{d_0 - d_1}{2} = \frac{1}{2}nk\pi d_k \tan\alpha \tan\beta \tag{2.12}$$

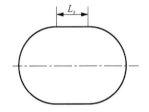 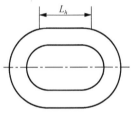

（a）实心列车轴的压缩弧长　　　（b）空心列车轴的压缩弧长

图 2.2　实心列车轴和空心列车轴轧制的压缩变形图

上述式中：Z 为多楔精整段的压缩量；n 为楔的个数；k 为轧件的瞬时宽展量系数（$0<k<1$）；d_k 为轧件的滚动半径，一般 $d_k = d_1 + 0.62(d_0 - d)$，$d_1$ 为轧件出口的直径；d_0 为轧件入口的直径；α 为成形角；β 为展宽角。把式（2.10）、式（2.11）代入式（2.9）中，得到空心列车轴的旋转条件为

$$\mu^2 \geqslant m^2\left(1+\frac{d}{D}\right)\left[\frac{Z}{d} + \left(\frac{Z}{d}\right)^2\right] \tag{2.13}$$

式中：$\frac{Z}{d}$ 为相对压缩量，其值较小；$\left(\frac{Z}{d}\right)^2$ 值更小，可忽略不计。式（2.13）简化后，可得

$$\mu^2 \geqslant m^2\left(1+\frac{d}{D}\right)\frac{Z}{d} \tag{2.14}$$

$$\tan\alpha \tan\beta \leqslant \frac{2d\mu^2}{nk\pi d_k m^2\left(1+\frac{d}{D}\right)} \tag{2.15}$$

由式（2.15）得到空心列车轴旋转条件的影响规律：①楔的数目越多，旋转条件越差。②摩擦系数 μ 对旋转条件影响显著，成平方关系，因此在空心轧制模具成型面上刻痕增加 μ 值可以改善旋转条件。③轧制空心列车轴比轧制实心列车轴径向刚度差，对断面收缩率大的空心轧件，旋转条件不利。④辊径比值 D/d 越大，旋转条件越好。⑤展宽角 β 越小越有利于旋转，但 β 值减小会导致展宽长度增加；成形角 α 越小，越有利于旋转，但过小会导致轧件出现椭圆化倾向，影响旋转。

2.2　多楔轧制空心列车轴稳定轧制条件

为了避免多楔轧制轧件内孔出现失稳、椭圆化直至压扁等缺陷，需分析其成形机理。在分析稳定轧制条件中，引入了塑性铰的概念[2]。塑性铰即在轧件截面的弯矩达到塑性极限弯矩，并由此产生转动，即利用轧件塑性铰可传递一定的弯矩。

2.2.1　平均单位正压力

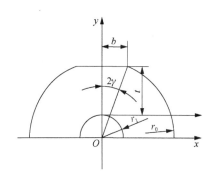

首先，对空心列车轴轧制接触部位进行简化：①厚壁空心列车轴的壁厚和整个空心列车轴的长度比较小，且空心横截面压扁变形在轴向方向上基本均匀，可按平面应变问题处理；②忽略空心列车轴内部的应力-应变分布，只考虑接触面上的正应力；③建立如图 2.3 的坐标系，因为轧辊直径较空心列车轴轧件大，用水平直线代替接触弧，并假设变形区内外边界平行，且与轧后空心轴的内外径相切；④平面应

图 2.3　空心列车轴接触区域单位圆示意图

变问题，取近似的塑性条件 $\sigma_x - \sigma_y = \pm\sigma$ （其中 σ 为平面变形抗力）。由文献[3]可得下式：

$$P = -\int_0^b \sigma_y \mathrm{d}x = \frac{t}{\mu b}\left(\mathrm{e}^{\frac{\mu b}{t}} - 1\right)\sigma \tag{2.16}$$

$$b = \sqrt{\frac{R_0}{2r_0(r_0 + R_0)}Z} \tag{2.17}$$

$$Z = \frac{1}{2}k'\pi d_k \tan\beta \tan\alpha \tag{2.18}$$

$$d_k = 2\psi r_0 \tag{2.19}$$

式中：b 为接触区域切向宽度，R_0 为轧辊半径；r_0 为轧件外圆半径；Z 为截面直径方向的径向压缩量；α 为成形角；β 为展宽角；k' 为系数（取值为 $0 \sim 1$）；d_k 为瞬时展宽直径；ψ 为断面收缩率；P 为使轧件到达塑性状态的单位正压力；μ 为摩擦系数；t 为轧件厚度；σ 为平面变形抗力。

2.2.2 压扁条件和稳定轧制条件

假设空心列车轴轧制过程中，尚未参加变形的区域对空心轴成形不产生任何影响。作为简化计算的模型，研究与被轧轧件所研究的截面有相同内外径的单位宽度圆环，并假设在等于接触弧弧长的圆环上作用等强度的分布荷载 q，如图 2.4（a）所示。由于对称关系，只考虑 1/4 圆环，如图 2.4（b）所示。

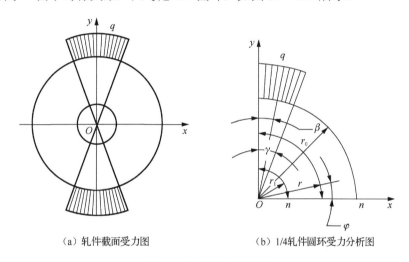

（a）轧件截面受力图　　　　（b）1/4轧件圆环受力分析图

图 2.4　轧件截面受力图

如果轧件不被压扁，轧件变形区达到塑性状态所需要的单位正压力 P 小于在截面 n-n 上形成塑性铰的单位压力，由文献[3]得到如下公式：

$$q = \frac{\sigma t_0^2 \xi}{4rr_0\left(\sin\gamma - \dfrac{2\gamma}{\pi} + \dfrac{t_0^2\gamma}{6\pi r^2}\right)} \qquad (2.20)$$

$$\xi = 1 + \frac{\eta}{T\left(\dfrac{T_0}{d_0}\right)^a (\tan\beta\tan\alpha)^c \left(1 - \dfrac{\Delta d}{d_0}\right)^h} \qquad (2.21)$$

式中：ξ 为修正系数；a、c 和 h 为由试验确定的系数；η 为与材料有关的系数；γ 为接触区圆心角；t_0 为原始轧件厚度；d_0 为轧件外径；Δd 为不同试验时轧件

的外径的变化值。因此，如果要实现稳定轧制，则存在

$$P < q \tag{2.22}$$

将式（2.16）、式（2.20）代入式（2.22），可以得到

$$\frac{t}{\mu b}(e^{\frac{\mu b}{t}} - 1) < \frac{t_0^2 \xi}{4rr_0\left(\sin\gamma - \frac{2\gamma}{\pi} + \frac{t_0^2\gamma}{6\pi r^2}\right)}. \tag{2.23}$$

简化处理，得

$$\frac{t_0^2\gamma}{6\pi r^2} \ll \sin\gamma - \frac{2\gamma}{\pi}$$

$$t \approx t_0$$

$$\frac{r}{r_0} = 1 - \frac{t_0}{d_0}$$

令 $d_k = \psi d_0$，$0.5 < \psi < 1$，轧件原始相对壁厚 $\lambda = \frac{t_0}{d_0}$，则式（2.23）改写为

$$\frac{t}{\mu b}(e^{\frac{\mu b}{t}} - 1) < \frac{\lambda \xi}{(1-\lambda)\left(\sin\gamma - \frac{2\gamma}{\pi}\right)} \tag{2.24}$$

其中 b 由式（2.17）～式（2.19）推导得

$$b = \sqrt{\frac{k'\psi\pi\tan\beta\tan\alpha}{2\left(1 + \frac{d_0}{D_0}\right)}} \tag{2.25}$$

其中，D_0 为轧辊外径；圆心角 2γ 可由 $\cos\gamma = \frac{r_2}{r_0} = 1 - \frac{\Delta d}{d_0}$ 得到

$$\gamma = \frac{1}{2}\arccos\left(1 - \frac{\Delta d}{d_0}\right) \tag{2.26}$$

式中：Δd 为直径变化值。

可见，在空心列车轴轧制中，工艺参数的选择必须满足稳定轧制条件，才能保证空心列车轴轧制过程不被压扁，且其稳定轧制状态与成形角 α 和展宽角 β 成反比，且与原始相对壁厚成正比。在选择成形角 α 和展宽角 β 时，应尽可能考虑相对小的展宽角 β 和相对小的成形角 α。

2.3 材料高温流变特性的基本理论

2.3.1 流变应力曲线

材料在高温热变形中，多种物理机制相互作用、相互影响，导致材料变形行

为极为复杂,这些物理机理指加工硬化、动态回复、动态再结晶的软化等。不同金属材料,因其本身流变特性不同,发生的高温变形的机理各不相同,流变应力随应变的变化规律也不一样,于是就出现了真应力-真应变曲线,此曲线主要包括动态回复(dynamic recovery,DRV)与动态再结晶(dynamic recrystallization,DRX)两种类型[4]。

1. 动态回复型

金属轧件中的位错如果产生攀移和交滑移,就容易产生动态回复,如 Al、Fe 和铁素体钢等层错能较高的金属热变形时易于发生动态回复;对于层错能较低的金属热变形时,易于发生动态再结晶现象,如奥氏体钢、镁合金等。层错能较低的金属材料,在较低温度(T_0)和较高应变速率$(\dot{\varepsilon})$条件下,也不能发生动态再结晶,仍表现动态回复行为。图 2.5 为 25CrMo4 钢流变应力曲线。图 2.5(a)为 25CrMo4 钢动态回复曲线,曲线形式表现为:变形初始阶段的流变应力在很小的应变范围内快速增长,当应力增加到一定值后,会随着应变的增大,缓慢增长,最后应力趋向饱和稳定值。

2. 动态再结晶型

图 2.5(b)为 25CrMo4 钢动态再结晶曲线,此曲线特点是:金属轧件初始阶段也是在很小的应变范围内快速增长,当达到一定的应变值后,增长缓慢,到达一定的峰值后,流变应力随应变增大开始缓慢下降,最终降到一个稳定值,也就是稳态应力。通常,金属轧件在较低应变速率或者较高温度变形条件下会发生这种物理现象,这个过程有 4 个变形阶段:第 I 阶段是加工硬化(work hardening,WH)和动态回复(DRV);第 II 阶段是加工硬化(WH)、动态回复(DRV)和动态再结晶(DRX)初期;第III阶段是加工硬化(WH)、动态回复(DRV)和动态再结晶(DRX)中后期;第IV阶段是加工硬化(WH)和动态再结晶(DRX)。

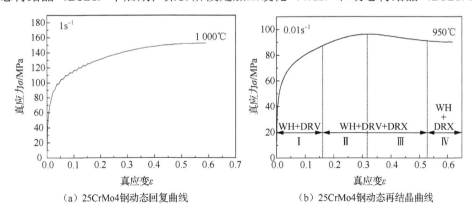

(a)25CrMo4钢动态回复曲线   (b)25CrMo4钢动态再结晶曲线

图 2.5　25CrMo4 钢流变应力曲线

2.3.2　流变应力的影响因素

关于流变应力及本构关系，塑性变形理论[5]认为，在材料塑性变形过程中，当应变速率、初始温度和变形程度一定时，流变应力可以被屈服极限所代替。流变应力可使用下式表示[6]：

$$\sigma = K_T K_z K_\varepsilon \sigma_0 \qquad (2.27)$$

式中：K_T、K_z、K_ε 分别为变形温度、变形程度、应变速率对流变应力的影响系数；σ_0 为恒定应变、恒定变形温度和恒定应变速率下的流变应力（MPa）。因变形温度和应变速率对流变应力影响较大，下面主要介绍这两者对流变应力的影响。

1. 变形温度对流变应力的影响

大部分金属与合金符合以下规律：温度升高，塑性增强，真应力下降。在材料一定的情况下，符合如下关系式[4]：

$$\ln K_T = -AT \qquad (2.28)$$

式中：A 为回归系数。由式（2.28）得知，温度影响系数的对数随相应温度线性变化。图 2.6（a）是 25CrMo4 钢在应变速率 $\dot{\varepsilon} = 0.01\mathrm{s}^{-1}$ 时不同温度的真应力-应变曲线，反映了该材料温度对流变应力的影响规律。可以看到：同一应变速率，同一应变值，温度越高，对应的应力值越小。

2. 应变速率对流变应力的影响

在双对数的坐标中，应变速率与流变应力影响系数表现为线性关系，即

$$\ln K_{\dot{\varepsilon}} = m \ln \dot{\varepsilon} \qquad (2.29)$$

式中：m 是应变速率的指数，此值会随着温度的升高而增大。图 2.6（b）是 25CrMo4 钢在变形温度 T=950℃、不同应变速率 $\dot{\varepsilon}$ 时的真应力-应变曲线，反映了该材料应变速率对流变应力的影响规律。可以看到：同一变形温度，同一应变值，应变速率越高，对应的应力值越大。

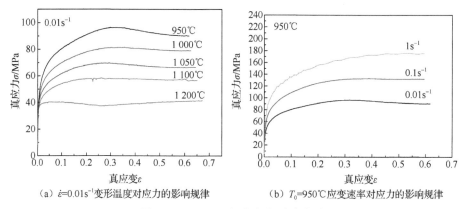

（a）$\dot{\varepsilon}$=0.01s⁻¹变形温度对应力的影响规律　　（b）T_0=950℃应变速率对应力的影响规律

图 2.6　25CrMo4 钢真应力-应变曲线

2.4　25CrMo4 钢动态再结晶行为的热模拟试验

为了获得一系列不同变形条件下的应力-应变数据，在 Gleeble-3500 型热模拟机上对合金钢 25CrMo4 钢进行热模拟试验，即在不同温度（950℃、1 000℃、1 050℃、1 100℃和 1 200℃）、不同应变速率（$0.01s^{-1}$、$0.1s^{-1}$、$1s^{-1}$ 和 $10s^{-1}$）变形条件下进行了热压缩试验，共完成了 20 个试件的热压缩试验。

将热模拟试验所得的试样进行了金相腐蚀试验，试验获得的晶粒尺寸为后续获得高温流变本构方程、动态再结晶数学模型提供了回归的依据。

2.4.1　试验材料

该试验金属材料选用国内某钢厂生产的 25CrMo4 钢，此钢属于低碳合金钢，作为研究对象，其化学成分与 EN13261 中车轴钢 EA4T 化学成分十分接近，25CrMo4 钢的化学成分如表 2.1 所示，表 2.2 为 25CrMo4 钢的力学及物理性能。

表 2.1　25CrMo4 钢的化学成分（质量分数）

化学成分	含量/%	化学成分	含量/%
碳（C）	0.22～0.29	硫（S）	≤0.035
锰（Mn）	0.60～0.90	铬（Cr）	0.90～1.20
镍（Ni）	≤0.030	铜（Cu）	≤0.030
硅（Si）	0.10～0.40	钼（Mo）	0.15～0.30
磷（P）	≤0.035		

表 2.2　25CrMo4 钢的力学及物理性能

抗拉强度 σ_b /MPa	屈服强度 σ_s /MPa	伸长率 δ_s /%	断面收缩率 Ψ /%	冲击功 A_{kv} /J	冲击韧性值 α_{kv} /（J/cm²）	硬度/HB	试样毛坯尺寸 /mm
≥885（90）	≥685（7）	≥12	≥50	≥78	≥98（10）	≤197	$\phi10\times15$

图 2.7 为 25CrMo4 钢原材料正火状态的组织形貌，钢的组织结构有铁素体+珠光体，铁素体和珠光体的晶粒尺寸都很小，测量其平均晶粒尺寸为 13.6μm。

图 2.7　25CrMo4 钢原材料正火状态的组织形貌

2.4.2　试验技术路线

该试验的目的是获得 25CrMo4 钢的高温流变应力本构模型和动态再结晶数学模型。首先，开展热模拟试验，对试样等温压缩后进行径向剖切；然后，对试样金相腐蚀进行微观组织金相分析。图 2.8 为试验技术路线。

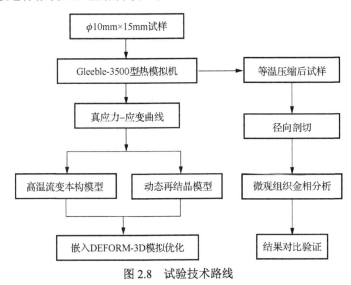

图 2.8　试验技术路线

2.4.3　单道次热压缩试验

1. 试样制备

采用 25CrMo4 钢棒料制备试样，该棒料初始直径 $\phi40$，经过锻造后获得的棒料直径为 $\phi25$；锻造最低温度不得低于 950℃，以保证在锻造过程中工件内部不产生微裂纹，便于后续机加工；随后在 650℃时保温 1h 左右，空冷至室温。最终可获得消除残余应力、晶粒组织较为均匀的初始组织，利用截线法测得试样的初始平均晶粒尺寸为197μm。将 $\phi25$ 的圆棒料车削为 $\phi10\times15mm$ 的圆柱体压缩试样，其试样图纸如图 2.9 所示。

2. 试验设备及试验试样安装

试验设备选用 Gleeble-3500 型热模拟机，它的性能指标主要有：①最大加热速度 10 000℃/s；②最大冷却速度 140℃/s；③最大淬火冷却速度 2000℃/s。Gleeble-3500 型热模拟机主要由计算机控制系统、热控制系统和力控制系统 3 部分构成。Gleeble-3500 型热模拟机如图 2.10 所示。热压缩试验试样安装在 WC 压头中间，两侧放置钽片，安装试样的 WC 压头如图 2.11 所示。

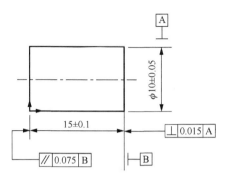

图 2.9　热压缩试验试样图纸

图 2.10　Gleeble-3500 型热模拟机　　　图 2.11　安装试样的 WC 压头

3. 动态再结晶流变曲线工艺

为了解 25CrMo4 钢在特定变形条件下的流变行为，通过 Gleeble-3500 型热模拟机进行单道次轴对称热压缩试验。

1）试验目的

试验目的为获得不同应变速率下的真应力-应变曲线，为材料本构模型提供数据。

2）试验方法

在确定动态再结晶流变曲线时，每一试验的试样以 10℃/s 的速度，首先被加热到特定温度 1 200℃并保温一段时间（建议 180s）。待奥氏体原始晶粒尺寸均匀化后，再以 10℃/s 的速度，降低到不同变形温度（1 200℃、1 100℃、1 050℃、1 000℃和 950℃），然后在设定的四个应变速率（0.01s⁻¹、0.1s⁻¹、1.0s⁻¹和 10s⁻¹）下，统一变形到真应变 0.6。为得到再结晶晶粒尺寸，变形后立即淬火，淬火通过水激冷实现。保留热变形时的形变显微组织至室温。不同变形条件的动态再结晶热加工工艺曲线如图 2.12 所示。根据不同变形条件[温度与变形速率的组合，$Z = \dot{\varepsilon}\exp\left(\dfrac{Q}{RT}\right)$]，将过程参量输入计算机，在 Gleeble-3500 型热模拟机上进行模拟压缩。

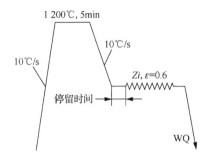

图 2.12　动态再结晶热加工工艺曲线

3）试验结果

该试验对 20 组样件进行编号，如表 2.3 所示。由 Gleeble-3500 型热模拟机的计算机系统自动采集不同应变速率、不同变形温度下 25CrMo4 钢的真应力、真应变、压力、温度、位移和时间等试验数据，后经 Origin 9.1 软件分析处理得出真应力-真应变曲线图。

表 2.3　热压缩试验样件编号

试样编号	应变速率 $\dot{\varepsilon}$ /s^{-1}	温度 T/℃
1		950
2		1 000
3	0.01	1 050
4		1 100
5		1 200
6		950
7		1 000
8	0.1	1 050
9		1 100
10		1 200
11		950
12		1 000
13	1.0	1 050
14		1 100
15		1 200
16		950
17		1 000
18	10	1 050
19		1 100
20		1 200

2.4.4 金相腐蚀及晶粒度测试试验

1. 试验目的

通过定量金相学原理进行金相分析，利用截线法测量不同变形条件下的晶粒尺寸，建立合金成分、组织和性能间的定量关系。

2. 试验方法

试样腐蚀方法及设备如表 2.4 所示。

表 2.4 试样腐蚀方法及设备

试验步骤	试验方法	试验设备
镶样	把试样沿中心切割，在镶样机上镶样	镶嵌机，如图 2.13 所示
抛光	用金相砂纸手工磨光，镶样表面达到一定的光洁度和平整度，再在抛光机上机械抛光，进一步使表面光亮平整	磨抛机，如图 2.14 所示
腐蚀	将试样放入无水乙醇中，利用超声波振荡清洗，时间 3～5min。吹干试样；用自己配置的腐蚀液进行腐蚀，腐蚀液的配方：2.5g 海鸥洗发膏+2.5g 苦味酸（固体）+（60mL+5滴）双氧水加热到（60±5）℃，腐蚀 150～200s	超声波振荡仪、腐蚀容器等
金相观察	在金相显微镜下观察每个试样的 5 个不同的位置，观察组织形貌，测量晶粒尺寸大小	Carl Zeiss 公司生产的 Axiovert 40 MAT 金相光学显微镜

图 2.13 LCXQ-1 金相试样镶嵌机

图 2.14 MP-2B 无级调速式试验磨抛机

晶粒测量：晶粒度有比较法、面积法和截点法三种评判标准[7]。本节采用了截点法测量晶粒度。截点法是通过计数给定长度的测量线段（或网格）与晶粒边界相交截点数 P 算出试样检验面上晶粒截距的平均值 d 来测定晶粒度[8]。

该试验在每个试样的 5 个不同位置都进行了晶粒度的测量，共获得 100 个晶粒度测量的数据，为后续求晶粒度尺寸模型，提供了充分的试验数据。图 2.15 为在金相显微镜下观察的金相组织图及其测量图，图 2.15（a）为 950℃-0.1s⁻¹ 环境下，取得第 4 个试样放大 500 倍金相组织图，图 2.15（b）为 950℃-0.1s⁻¹ 环境下，取得第 4 个试样放大 500 倍晶粒尺寸测量图，图 2.15（c）为 1 000℃-1s⁻¹ 环境下，取得第 4 个试样放大 200 倍金相组织图，图 2.15（d）为 1 000℃-1s⁻¹ 环境下，取得第 4 个试样放大 200 倍晶粒尺寸测量图。晶粒细小时，可选择放大倍数偏大，倍数不同，测量图标尺不同，测量的晶粒尺寸不同，图 2.15（a）、（b）所示平均晶粒尺寸为 10.66μm，图 2.15（c）、（d）所示平均晶粒尺寸为 21.65μm。

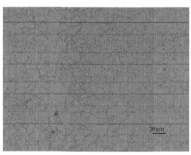

（a）950℃-0.1s⁻¹ 环境下金相组织图×500　　（b）950℃-0.1s⁻¹ 环境下晶粒尺寸测量图×500

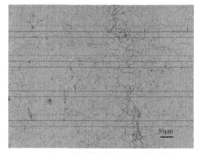

（c）1 000℃-1s⁻¹ 环境下金相组织图×200　　（d）1 000℃-1s⁻¹ 环境下晶粒尺寸测量图×200

图 2.15　金相组织形貌图及其测量图

2.5　25CrMo4 钢的真应力-真应变曲线

为实现 25CrMo4 钢的空心列车轴的数值模拟，就需要研究此钢的力学行为、动态组织变化等。由 2.4 节获得 25CrMo4 钢在变形温度 T_0（950℃、1 000℃、1 050℃、1 100℃和 1 200℃）与真应变速率 $\dot{\varepsilon}$（0.01s⁻¹、0.1s⁻¹、1s⁻¹ 和 10s⁻¹）条件下的流变应力-应变数据，然后用 Origin 软件处理数据，获得 25CrMo4 钢高温流变真应力曲线，如图 2.16 和图 2.17 所示。

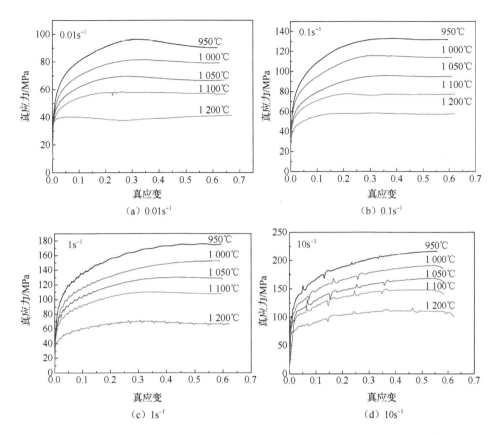

图 2.16　不同温度相同应变速率的 25CrMo4 钢真应力-真应变曲线

　　在给定的热压缩试验条件下，25CrMo4 钢的流变真应力曲线显示：不同的变形条件下，真应力-真应变曲线均存在差异。由图 2.16 可知，低温度（950℃、1 000℃和 1 050℃）低真应变速率下（0.01s⁻¹ 和 0.1s⁻¹）流变真应力峰值比较明显，这种情况具有明显的动态再结晶发生。在高真应变速率（1s⁻¹、10s⁻¹）下的真应力-真应变曲线中，流变应力随真应变的增加而增加。当应变达到一定的应变值时，上升速度减慢并最终趋于平缓。峰值应力和稳态应力几乎相同，即图线没有出现峰值应力。这种情况发生的只是动态回复，没有发生动态再结晶。可见，图 2.16 的规律：在相同的真应变速率下，对应相同的真应变值，变形温度越高，相应的流变真应力越小，随着变形温度的降低，应力峰值向应变增加的方向移动。

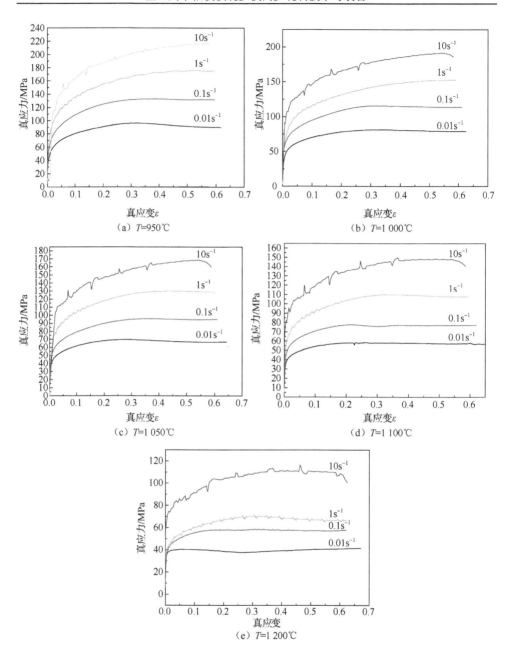

图 2.17 相同温度不同应变速率 25CrMo4 钢的真应力-真应变曲线

从图 2.17 中可以看出，当变形温度不变时，流变真应力随变形速率的增加而增加；随着试验温度的升高，每个峰值与相应的稳态流动真应力之间的差值减小；以 950℃为例，随真应变速率按 0.01s^{-1}、0.1s^{-1}、1s^{-1} 和 10s^{-1} 的值增加，峰值真应力在逐渐增长。由此得出规律：在高真应变速率 $\dot{\varepsilon}$ 和高变形温度 T 下（如真应变速率为 1s⁻¹ 和 10s⁻¹，温度为 1 100℃和 1 200℃），峰值流变应力几乎等于稳态应力，即峰值应力不明显。这表明材料发生了动态回复并且没有发生动态再结晶。

2.6 25CrMo4 钢高温流变本构模型

在高温塑性变形条件下，常规热变形的流变应力、应变速率和温度之间的关系，可以用 Sellars 等[9]提出的包含变形激活能 Q 和温度 T 的双曲正弦形式来表示，即

$$\dot{\varepsilon} = AF(\sigma)\exp\left(-\frac{Q}{RT}\right) \tag{2.30}$$

其中，应力的函数有三种表达形式，即

$$F(\sigma) = \begin{cases} \sigma^n & (\alpha\sigma < 0.8) \\ \exp(\beta\sigma) & (\alpha\sigma > 1.2) \\ \left[\sinh(\alpha\sigma)\right]^n & (任何 \sigma) \end{cases} \tag{2.31}$$

上述式中：R 为摩尔气体常数，$R=8.31$J/(mol·K)；n、β 和 A 为材料常数；$\alpha = \beta/n_1$；Q 为热激活能（kJ/mol）；T 为热力学温度（K）；$\dot{\varepsilon}$ 为应变速率；σ 为流变应力（MPa）。

Zenter 等[10]应变速率受高温塑性变形过程中的热激活过程控制。应变率与温度的关系可用 Z 参数表示为

$$Z = \dot{\varepsilon}\exp\left(\frac{Q}{RT}\right) = A[\sinh(\alpha\sigma)]^n \tag{2.32}$$

式中：Z 为温度补偿的应变速率因子。将式（2.32）中高应力（$\alpha\sigma > 1.2$）的幂函数和低应力（$\alpha\sigma < 0.8$）指数函数的表达式分别代入式（2.30），当 Q 与 T 无关时，可得到

$$\dot{\varepsilon} = A\sigma^n \tag{2.33}$$

$$\dot{\varepsilon} = A'\exp(\beta\sigma) \tag{2.34}$$

式中：A 和 A' 为与温度无关的常数。式（2.33）和式（2.34）两边分别求对数，可得

$$\ln\sigma = \frac{1}{n}\ln\dot{\varepsilon} - \frac{1}{n}\ln A \tag{2.35}$$

$$\sigma = \frac{1}{\beta}\ln\dot{\varepsilon} - \frac{1}{\beta}\ln A' \tag{2.36}$$

表 2.5 为试验获得的 25CrMo4 钢峰值应力-峰值应变值。

表2.5　25CrMo4 钢峰值应力-峰值应变值

应变速率 $\dot{\varepsilon}$	峰值应力-峰值应变值									
	950℃		1 000℃		1 050℃		1 100℃		1 200℃	
	σ_p /MPa	ε_p	σ_p /MPa	ε_p	σ_p /MPa	ε_p	σ_p /MPa	ε_p	σ_p /MPa	ε_p
0.01	96.50	0.299	81.67	0.286	69.74	0.276	58.48	0.261	41.45	0.251
0.1	133.25	0.388	115.93	0.364	95.93	0.347	77.77	0.282	58.66	0.271
1	176.02	0.533	152.63	0.504	130.14	0.433	110.05	0.371	71.60	0.305
10	216.48	0.551	191.50	0.545	168.74	0.539	149.77	0.386	116.47	0.329

由式（2.35）和式（2.36），σ - $\ln\dot{\varepsilon}$ 和 $\ln\sigma$ - $\ln\dot{\varepsilon}$ 呈线性关系。根据表2.5中峰值应力–峰值应变数据，获得 σ - $\ln\dot{\varepsilon}$ 和 $\ln\sigma$ - $\ln\dot{\varepsilon}$ 的函数关系及相关曲线，如图2.18所示。直线斜率通过最小二乘法线性回归获得，然后对斜率取倒数，求平均值结果是 $\beta = 0.070\text{MPa}^{-1}$ 和 $n_1 = 7.666$。此时对应的 $\alpha = \beta / n_1$，$\alpha = 0.009\text{MPa}^{-1}$。

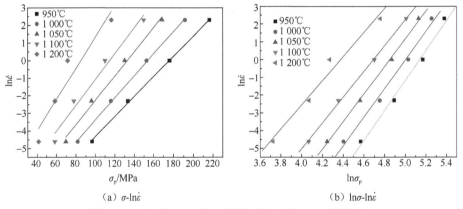

（a）σ-$\ln\dot{\varepsilon}$　　　　（b）$\ln\sigma$-$\ln\dot{\varepsilon}$

图2.18　不同变形温度下应力与应变速率 σ-$\dot{\varepsilon}$ 的关系

对所有应力状态，将式（2.31）代入式（2.30），可得

$$\dot{\varepsilon} = A\left[\sinh(\alpha\sigma)\right]^n \exp\left(-\frac{Q}{RT}\right) \tag{2.37}$$

根据双曲正弦函数的定义和式（2.32），可将 σ 表达成 Z 参数的函数为

$$\sigma = \frac{1}{\alpha}\ln\left\{\left(\frac{Z}{A}\right)^{1/n} + \left[\left(\frac{Z}{A}\right)^{2/n} + 1\right]^{1/2}\right\} \tag{2.38}$$

在一定应变速率和应变条件下，式（2.37）取对数并求偏微分，得 Q 的计算式为

$$Q = Rn \frac{d\{\ln[\sinh(\alpha\sigma)]\}}{d(1/T)} \qquad (2.39)$$

图 2.19 为不同应变速率条件下 $\ln[\sinh(\alpha\sigma)]$ 与 $1/T$ 的关系，通过计算 $\ln[\sinh(\alpha\sigma)]$ 与 $1/T$ 关系曲线的斜率，可得平均形变表观激活能 $Q = 360.305\text{kJ}/\text{mol}$。

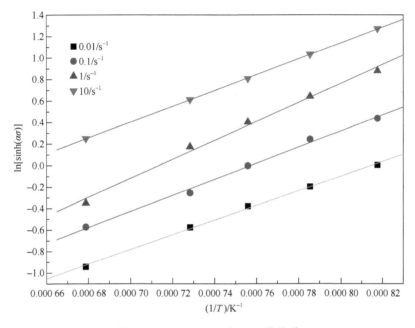

图 2.19 $\ln[\sinh(\alpha\sigma)]$ 与 $1/T$ 的关系

式（2.37）两边求对数可得

$$\ln[\sinh(\alpha\sigma)] = \frac{\ln \dot{\varepsilon}}{n} + \frac{Q}{nRT} - \frac{\ln A}{n}$$

即

$$\ln \dot{\varepsilon} = n\ln[\sinh(\alpha\sigma)] + \ln A - \frac{Q}{RT} \qquad (2.40)$$

不同应变速率、不同温度条件下真应变为峰值应变时的 $\ln[\sinh(\alpha\sigma)]$-$\ln\dot{\varepsilon}$ 的关系，如图 2.20 所示。由图 2.19 可求出截距为 $\ln A - (Q/RT)$，再代入 Q、R 和 T，可得 $A = 3.069 \times 10^{14}$。

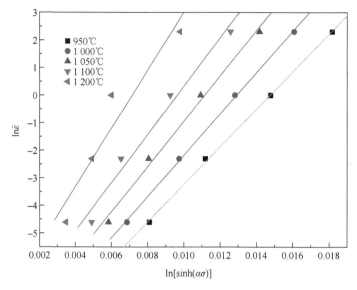

图 2.20　不同变形温度下 ln[sinh(ασ)] - ln ε̇ 的关系

　　根据该方法,在 0.05～0.6 的应变范围内,每 0.05 选择一个值,通过 Origin 9.1 回归得到不同应变下本构方程的材料常数 [Q (亦称变形激活能)、ln A 、β 、n 和 α],如表 2.6 所示。

表 2.6　不同应变对应的材料常数

应变	Q (kJ/mol)	ln$A$	β	n	α
0.03	337.961	26.167	0.126	7.201	0.014 2
0.05	347.068	28.167	0.117	7.173	0.012 5
0.1	369.835	29.430	0.093	7.053	0.010 2
0.15	374.000	31.354	0.091	6.508	0.010 3
0.2	378.507	31.814	0.088	6.303	0.010 2
0.25	381.196	32.299	0.083	6.167	0.009 9
0.3	383.884	32.498	0.078	6.030	0.009 6
0.35	378.576	32.158	0.075	5.892	0.009 4
0.4	373.267	31.732	0.073	5.754	0.009 3
0.45	369.109	31.383	0.072	5.646	0.009 3
0.5	364.951	31.052	0.070	5.579	0.009 4
0.55	360.680	31.314	0.070	5.617	0.009 2
0.6	352.275	30.104	0.080	5.798 05	0.010 5
平均值	367.024	30.728	0.086	6.209 467	0.010 3

　　材料常数可以用真应变的 5 次多项式函数拟合,如式(2.41)所示。采取 MATLAB 软件拟合与 Origin 软件拟合材料常数。拟合得到多项式系数如表 2.7 所示。图 2.21 分别是 MATLAB 和 Origin 拟合图,两种拟合效果接近一致,拟合方

法得以验证。

$$
\begin{cases}
Q = C_0 + C_1\varepsilon + C_2\varepsilon^2 + C_3\varepsilon^3 + C_4\varepsilon^4 + C_5\varepsilon^5 \\
\beta = D_0 + D_1\varepsilon + D_2\varepsilon^2 + D_3\varepsilon^3 + D_4\varepsilon^4 + D_5\varepsilon^5 \\
n = E_0 + E_1\varepsilon + E_2\varepsilon^2 + E_3\varepsilon^3 + E_4\varepsilon^4 + E_5\varepsilon^5 \\
\ln A = F_0 + F_1\varepsilon + F_2\varepsilon^2 + F_3\varepsilon^3 + F_4\varepsilon^4 + F_5\varepsilon^5 \\
\alpha = G_0 + G_1\varepsilon + G_2\varepsilon^2 + G_3\varepsilon^3 + G_4\varepsilon^4 + G_5\varepsilon^5
\end{cases}
\tag{2.41}
$$

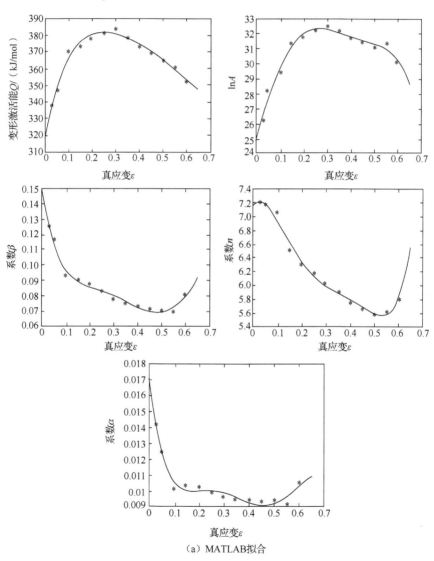

（a）MATLAB拟合

图 2.21　MATLAB 和 Origin 拟合图

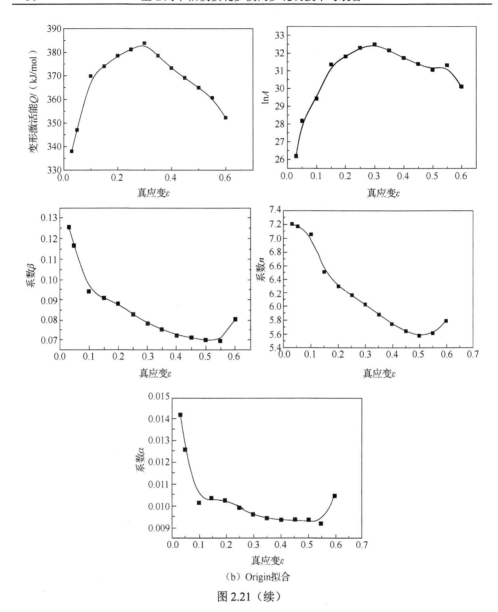

（b）Origin拟合

图 2.21（续）

表 2.7　5 次多项式拟合系数

多项式系数（1）	Q（kJ/mol）	多项式系数（2）	β	多项式系数（3）	n	多项式系数（4）	lnA	多项式系数（5）	α
C_0	0.318×10^3	D_0	0.150	E_0	7.155	F_0	0.025×10^3	G_0	0.017
C_1	0.758×10^3	D_1	-0.931	E_1	5.052	F_1	0.061×10^3	G_1	-0.133
C_2	-3.451×10^3	D_2	5.433	E_2	-112.279	F_2	-0.087×10^3	G_2	0.899
C_3	7.789×10^3	D_3	-15.586	E_3	482.358	F_3	-0.375×10^3	G_3	-2.790
C_4	-9.349×10^3	D_4	20.330	E_4	-858.314	F_4	1.158×10^3	G_4	3.943
C_5	4.520×10^3	D_5	-9.456	E_5	554.249	F_5	-0.885×10^3	G_5	-2.045

根据以上 5 次多项式拟合结果，把结果代入式（2.41）中，获得 25CrMo4 钢的材料本构模型为

$$\dot{\varepsilon} = A[\sinh(\alpha\sigma)]^n \exp\left(-\frac{Q}{RT}\right) \qquad (2.42)$$

其中

$$Q = 318.1 + 758.4\varepsilon - 3451.2\varepsilon^2 + 7789.4\varepsilon^3 - 9349.6\varepsilon^4 + 4519.7\varepsilon^5$$

$$n = 7.1549 + 5.0521\varepsilon - 112.2793\varepsilon^2 + 482.3575\varepsilon^3 - 858.3136\varepsilon^4 + 554.2485\varepsilon^5$$

$$\ln A = 24.8 + 60.7\varepsilon - 87\varepsilon^2 - 374.5\varepsilon^3 + 1157.6\varepsilon^4 - 884.8\varepsilon^5$$

$$\alpha = 0.017\,3 - 0.133\,4\varepsilon + 0.899\,2\varepsilon^2 - 2.790\,4\varepsilon^3 + 3.943\,1\varepsilon^4 - 2.044\,5\varepsilon^5$$

式中：Q 为变形激活能（kJ/mol）；σ 为流变应力（MPa）；$\dot{\varepsilon}$ 为应变速率；R 为摩尔气体常数；ε 为应变；T 为热力学温度（K）。

为了验证本构方程的准确性，给应变赋值，得到不同的材料常数 Q、A、n 和 α，代入式（2.42），获得不同的应变速率 $\dot{\varepsilon}$ 表达式，由式（2.42）得到不同变形条件下预测的应力值，如表 2.8 中的峰值应力的预测值与试验值相比，最小相对误差是 -0.23%，最大相对误差是 5.20%，说明应变补偿本构模型能较好地预测 25CrMo4 钢的高温流变应力。

表 2.8 峰值应力的预测值与试验值比较

温度/℃	应变速率/ s^{-1}	峰值应变 ε_p	应力预测值/ MPa	应力试验值/ MPa	相对误差/ %
950	0.01	0.299	96.28	96.50	−0.23
	0.1	0.388	132.94	133.26	−0.24
	1.0	0.533	168.93	176.02	−4.03
	10	0.551	215.87	216.48	−0.28
1 000	0.01	0.286	78.84	81.67	−3.46
	0.1	0.364	116.43	115.93	0.43
	1.0	0.504	155.35	152.63	1.78
	10	0.545	189.22	191.50	−1.19
1 050	0.01	0.276	72.35	69.74	3.74
	0.1	0.347	97.19	95.92	1.32
	1.0	0.433	128.67	130.14	−1.13
	10	0.539	172.67	168.74	2.33
1 100	0.01	0.261	55.80	58.48	−4.59
	0.1	0.282	76.21	77.77	−2.00
	1.0	0.371	112.04	110.05	1.81
	10	0.386	157.56	149.77	5.20
1 200	0.01	0.251	39.73	41.45	−4.15
	0.1	0.271	56.99	58.66	−2.85
	1.0	0.305	73.58	71.60	2.76
	10	0.329	118.78	116.47	1.98

2.7　25CrMo4 钢动态再结晶现象及数学建模

2.7.1　动态再结晶现象

图 2.22 用实线表示发生动态再结晶的应力-应变曲线,用虚线表示动态回复的应力-应变曲线。对于空心轴轧制变形而言,整个过程分为两个阶段:第一阶段是加工硬化—动态回复的阶段;第二阶段是加工硬化—动态回复—动态再结晶阶段,此阶段开始变形持续上升,当真应变 ε 大于临界应变 ε_c 时,发生两种情况:一种情况是发生动态再结晶,如图 2.22 实线所示。图中的 ε_c 是临界应变,到达 ε_c 就开始发生动态再结晶,当软化程度大于加工硬化,到达峰值应力 σ_p,然后真应力 σ 逐渐下降,最后接近稳定值 σ_{ss}(σ_{ss} 称为稳态应力);另一种情况,从峰值应力 σ_p 开始,加工硬化与动态回复相互作用,达到平衡时,应力达到饱和应力 σ_s,如图 2.22 虚线轨迹所示。

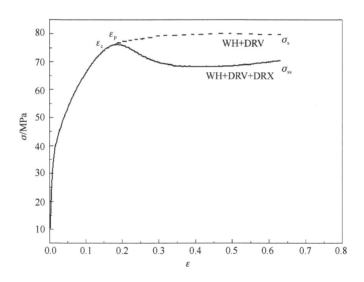

图 2.22　典型的动态再结晶流变应力-应变曲线

2.7.2　加工硬化率与流变应力曲线

研究动态再结晶过程,首先要确定特征值:临界应力(σ_c)、峰值应力(σ_p)、稳态应力(σ_{ss})和饱和应力(σ_s)。研究表明:加工硬化率($\theta = \frac{\partial \sigma}{\partial \varepsilon}$)与流变应力的关系曲线可以很好反映变形过程中材料微观组织的变化,而且能够准确地确定临界应力、饱和应力、峰值应力和稳态应力这几个特征值[11-15]。图 2.23 是加工硬化率（θ）-流变应力（σ）的关系图，各特征值在图 2.23 已经标注。

任何材料在不同的变形阶段，软化和加工硬化的作用程度不同，因此加工硬化率是随应力的变化而动态变化的参数[16]。对于加工硬化率θ-流变应力（σ）曲线的绘制，首先根据不同变形条件下的应力-应变曲线，利用软件 Origin 求出 $\theta = \dfrac{\partial \sigma}{\partial \varepsilon}$，然后绘制不同变形条件下的θ-σ曲线，不同变形条件下对应不同的曲线。

加工硬化率随应力变化可分为三个阶段：如图 2.23 中的阶段Ⅰ、阶段Ⅱ和阶段Ⅲ。每个阶段的特点分别是：阶段Ⅰ是从对应塑性变形开始到开始发生亚晶，加工硬化率由 1 200MPa 迅速线性减小为 200MPa，图 2.23 中只表示变小后的一部分。阶段Ⅱ是亚晶的出现导致动态回复速率变小，出现拐点，曲线的斜率变小，加工硬化率随流变应力变化缓慢下降，进入第二个直线段，这与文献[17]所述一致。在这个阶段开始出现动态再结晶的标志特征，若材料在该变形条件下未发生动态再结晶，则加工硬化率将沿图中的虚线变化，加工硬化率减小至 0 的时候，流变应力达到饱和应力σ_s。阶段Ⅲ是加工硬化率如果没有按虚线变化时，说明材料发生了动态再结晶，而且是在真应变超过临界应变ε_c后，开始发生动态再结晶现象，动态再结晶在变形过程中起着软化作用，所以在流变应力超过临界应力σ_c后，加工硬化速率随着流变应力的增加而减小、变快，当达到峰值应力σ_p时，减小到 0；其后，随着变形的继续进行，软化开始起主导作用，导致动态再结晶体积分数增大，软化作用增强，加工硬化率变为负数。最后，由于软化和硬化作用达到平衡，在流变应力达到稳态值时，加工硬化率又变为 0。

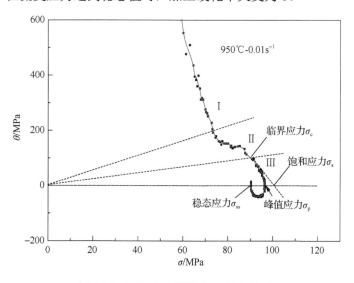

图 2.23　25CrMo4 钢的 θ - σ 的关系图

2.7.3 临界应变模型

动态再结晶是否发生，通常用临界应变值（ε_c）来判断，只有应变大于 ε_c 时，才会发生动态再结晶。准确地确定临界应变值 ε_c，对研究热变形工艺参数很重要。很多研究人员提出了预测动态再结晶开始的临界条件[18-27]，Poliak 等提出了计算动态再结晶临界应变的方法，可由下式表示：

$$\frac{\partial}{\partial \theta}\left(-\frac{\partial \theta}{\partial \sigma}\right) = 0 \qquad (2.43)$$

式中：θ 为加工硬化率，$\theta = \dfrac{\partial \sigma}{\partial \varepsilon}$，动态再结晶发生时的临界应变点由 $(-\partial \theta/\partial \varepsilon)$-$\varepsilon$ 关系曲线确定。学者 Najafizadeh-Jonas 认为，通过 $\ln\theta$-ε 曲线分析法确定临界应变。通过对 $\ln\theta$-ε 曲线的三次多项式拟合，确定出拐点的位置，然后再确定动态再结晶临界应变（ε_c）。方法如下：

$$\ln\theta = B_4 + B_3\varepsilon^3 + B_2\varepsilon^2 + B_1\varepsilon \qquad (2.44)$$

式中：B_1、B_2、B_3 和 B_4 为对应变形条件下的常数。在临界应变处开始发生动态再结晶，有下式成立：

$$\frac{\partial^2 \theta}{\partial \varepsilon^2} = 6B_3\varepsilon_c + 2B_2 = 0 \qquad (2.45)$$

$$\varepsilon_c = -\frac{B_2}{3B_3} \qquad (2.46)$$

根据应力-应变曲线，直接测量或计算出加工硬化率 θ 比较难，因此应力-应变曲线进行三次多项式函数拟合，再进行微分运算。以 950℃-0.01s^{-1} 这种工艺条件为例，利用 Origin 软件对 $\theta = \dfrac{\partial \sigma}{\partial \varepsilon}$ 求出偏导后，求出 $\ln\theta$，$\ln\theta$-ε 三次多项式拟合及系数 B_2、B_3，再根据式（2.46），得出临界应变 ε_c，用同样的方法可以求出各种变形条件下的相关系数，得到 ε_c。

图 2.24（a）～（d）所示 $\ln\theta$-ε 曲线中随着应变的增加，一开始急剧下滑，然后出现拐点平缓下滑，在平缓降低阶段再次出现拐点，此拐点后出现急剧下滑，加工硬化速度迅速下降，然后进入缓慢下降的阶段，曲线在缓慢下降阶段有一个拐点，拐点值是临界应变。

为了精确确定曲线的拐点值，根据结果可以计算不同变形温度、不同应变速率时的临界应变 ε_c 值，根据试验的峰值应变，可求得对应的 $\varepsilon_c/\varepsilon_p$，即表格中的 k 值，不同变形条件下 25CrMo4 钢 ε_c、ε_p 及其比值 k 如表 2.9 所示。

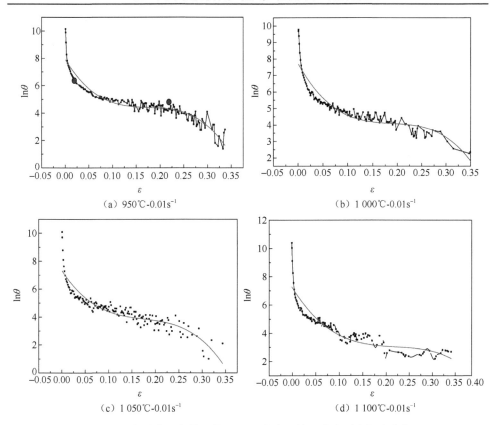

图 2.24　各种变形条件下的 $\ln\theta$ - ε 曲线及其三次多项式拟合曲线

表 2.9　不同变形条件下 25CrMo4 钢 ε_c 、 ε_p 及其比值 k

变形温度/℃	0.01s⁻¹			0.1s⁻¹		
	ε_c	ε_p	k	ε_c	ε_p	k
950	0.175	0.299	0.585	0.222	0.388	0.572
1 000	0.189	0.286	0.661	0.221	0.364	0.607
1 050	0.184	0.275	0.669	0.196	0.346	0.566
1 100	0.181	0.261	0.693	0.188	0.282	0.667
1 200	0.176	0.251	0.701	0.181	0.271	0.668
变形温度/℃	1s⁻¹			10s⁻¹		
	ε_c	ε_p	k	ε_c	ε_p	k
950	0.233	0.533	0.437	0.310	0.551	0.563
1 000	0.230	0.504	0.456	0.299	0.545	0.549
1 050	0.212	0.433	0.489	0.293	0.539	0.543
1 100	0.209	0.371	0.563	0.260	0.386	0.674
1 200	0.199	0.305	0.652	0.233	0.329	0.708

表 2.9 给出了不同变形条件下临界应变值 ε_c、峰值应变 ε_p、临界应变与峰值应变比值 k，通过表 2.9 可以发现，随应变速率的增加，临界应变和峰值应变呈增大趋势。而随着变形温度的增加，临界应变值和峰值应变值呈下降趋势，统计不同应变条件时的 ε_c 和 ε_p（表 2.9）。可求得 $\varepsilon_c / \varepsilon_p$ 的平均值如下式：

$$k = \frac{\varepsilon_c}{\varepsilon_p} = 0.642 \tag{2.47}$$

通过线性拟合得到动态再结晶临界模型如下式：

$$\varepsilon_c = 0.601\varepsilon_p \tag{2.48}$$

2.7.4 峰值应变模型

1. 初始晶粒尺寸试验结果

首先，试验测量原始晶粒尺寸，其方法是通过对试件进行加热到不同的温度（950℃、1 000℃、1 050℃、1 100℃和 1 200℃），然后保温一段时间后，获得不同变形温度下的初始晶粒尺寸（d_0），如表 2.10 所示。

表 2.10 初始晶粒尺寸（d_0）值

变形温度/℃	950	1 000	1 050	1 100	1 200
初始晶粒尺寸/μm	117.0	172.6	200.4	227.0	267.5

2. 峰值应变模型

峰值应变不仅与变形温度和应变速率有关，而且与材料的初始奥氏体晶粒大小有关，因此峰值模型可用下式表示：

$$\varepsilon_p = a_1 d_0^{n_1} [\dot{\varepsilon} \exp(Q_1 / RT)]^{m_1} \tag{2.49}$$

式中：ε_p 为峰值应变；d_0 为初始晶粒尺寸，见表 2.10 数据；$\dot{\varepsilon}$ 为应变速率；T 为变形温度（K）；R 为摩尔气体常数，R=8.31 J / (mol·K)；a_1、n_1、m_1 与 Q_1 为材料常数。

对式（2.49）两边分别取对数，可得

$$\ln \varepsilon_p = \ln a_1 + n_1 \ln d_0 + m_1 \ln \dot{\varepsilon} + m_1 \frac{Q_1}{RT} \tag{2.50}$$

当变形温度恒定时，m_1 可以用式（2.51）获得

$$\frac{\partial \ln \varepsilon_p}{\partial \ln \dot{\varepsilon}} = m_1 \tag{2.51}$$

对式（2.51）进行回归分析，线性关系如图 2.25 所示，线性回归后得到 $m_1 = 0.072$。$\ln\dot\varepsilon$ - $\ln\varepsilon_p$ 相关计算数据如表 2.11 所示。

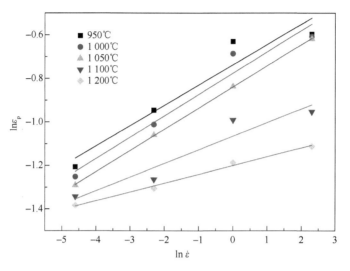

图 2.25　$\ln\varepsilon_p$ - $\ln\dot\varepsilon$ 线性关系

当应变速率是恒定时，Q_1 用式（2.52）进行计算，即

$$\frac{\partial \ln \varepsilon_p}{\partial \left(\dfrac{m_1}{RT} \right)} = Q_1 \tag{2.52}$$

表 2.11　$\ln\dot\varepsilon$ 与 $\ln\varepsilon_p$ 的数据

应变速率 $\dot\varepsilon / s^{-1}$	$\ln\dot\varepsilon$ 与 $\ln\varepsilon_p$ 的数据									
	$T = 950℃$		$T = 1\,000℃$		$T = 1\,050℃$		$T = 1\,100℃$		$T = 1\,200℃$	
	$\ln\dot\varepsilon$	$\ln\varepsilon_p$	$\ln\dot\varepsilon$	$\ln\varepsilon_p$	$\ln\dot\varepsilon$	$\ln\varepsilon_p$	$\ln\dot\varepsilon$	$\ln\varepsilon_p$	$\ln\dot\varepsilon$	$\ln\varepsilon_p$
0.01	−4.605	−1.153	−4.605	−1.083	−4.605	−1.228	−4.605	−1.343	−4.605	−1.384
0.1	−2.303	−0.946	−2.303	−1.068	−2.303	−1.060	−2.303	−1.298	−2.303	−1.343
1	0	−0.630	0	−0.618	0	−0.837	0	−1.134	0	−1.165
10	2.303	−0.597	2.303	−0.607	2.303	−0.618	2.303	−1.006	2.303	−1.044
材料常数 m_1	0.087		0.082		0.089		0.051		0.052	

表 2.12 是 $\dfrac{m_1}{RT}$ 与 $\ln\varepsilon_p$ 的数据，表中 T 均用热力学温度表达。$\dfrac{m_1}{RT}$ - $\ln\varepsilon_p$ 曲线趋向线性，如图 2.26 所示，经拟合后，根据式（2.52）求得：$Q_1 = 338\,987.98\mathrm{J/mol}$。

表 2.12 $\dfrac{m_1}{RT}$ 与 $\ln \varepsilon_p$ 的数据

温度/℃	$\dot{\varepsilon} = 0.01 \text{s}^{-1}$		$\dot{\varepsilon} = 0.1 \text{s}^{-1}$		$\dot{\varepsilon} = 1 \text{s}^{-1}$		$\dot{\varepsilon} = 10 \text{s}^{-1}$	
	$\dfrac{m_1}{RT}$	$\ln \varepsilon_p$	$\dfrac{m_1}{RT}$	$\ln \varepsilon_p$	$\dfrac{m_1}{RT}$	$\ln \varepsilon_p$	$\dfrac{m_1}{RT}$	$\ln \varepsilon_p$
950	8.147×10^{-6}	-1.153	8.147×10^{-6}	-0.946	8.147×10^{-6}	-0.630	8.147×10^{-6}	-0.597
1 000	7.827×10^{-6}	-1.083	7.827×10^{-6}	-1.068	7.827×10^{-6}	-0.618	7.827×10^{-6}	-0.607
1 050	7.532×10^{-6}	-1.228	7.532×10^{-6}	-1.060	7.532×10^{-6}	-0.837	7.532×10^{-6}	-0.618
1 100	7.257×10^{-6}	-1.343	7.257×10^{-6}	-1.298	7.257×10^{-6}	-1.134	7.257×10^{-6}	-1.006
1 200	6.765×10^{-6}	-1.384	6.765×10^{-6}	-1.343	6.765×10^{-6}	-1.165	6.765×10^{-6}	-1.044
Q_1	212 058.179		301 324.780		461 753.695		380 815.251	

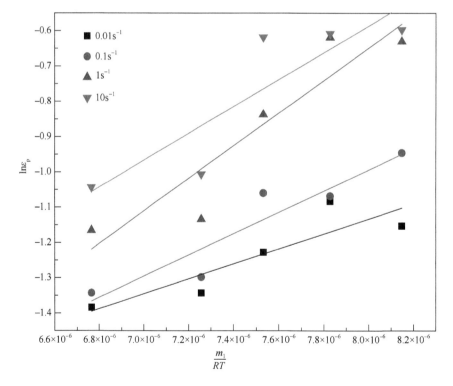

图 2.26 $\dfrac{m_1}{RT}$ 与 $\ln \varepsilon_p$ 线性关系

根据表 2.10 初始晶粒尺寸 d_0 值，$\ln \varepsilon_p$ 与 $\ln d_0$ 呈线性关系，通过拟合 $\dfrac{\partial \ln \varepsilon_p}{\partial \ln d_0}$ 的值，回归得到 $n_1 = 0.8322$；将计算得到的 n_1、m_1、Q_1 代到式（2.49）中，可得 $a_1 = 8.290 \times 10^{-4}$，则获得峰值应变模型如下：

$$\varepsilon_p = 8.290 \times 10^{-4} d_0^{0.832} \left[\dot{\varepsilon} \exp\left(\frac{338\,987}{RT}\right) \right]^{0.072\,0} \tag{2.53}$$

根据峰值应变 ε_p 和临界应变 ε_c 得出预测值，与试验值作比较后，发现 25CrMo4 预测值和试验值一致性较好，如图 2.27 所示。因此，可用式（2.48）和式（2.53）准确地预测 25CrMo4 临界应变和峰值应变。

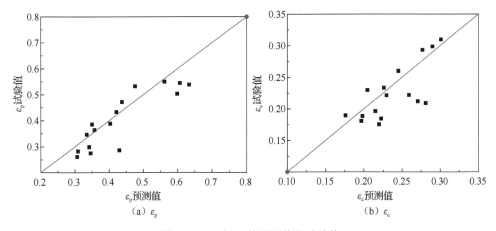

（a）ε_p　　　　　　　　　　　（b）ε_c

图 2.27　ε_p 与 ε_c 的预测值和试验值

2.7.5　动态再结晶体积分数

动态再结晶是形成核和长大的过程，唯象理论学者观点：动态再结晶是一个热激活过程。假设热变形量达到临界值后发生动态再结晶，而且发生过动态再结晶的晶粒可能再次发生动态再结晶[28]。目前，大多数学者都采用唯象 Johnson-Mehl-Avrami（JMA）方程[29]来描述动态再结晶动力学特征。

$$X_d = 1 - \exp[-Bt^n] \tag{2.54}$$

式中：X_d 为动态再结晶体积分数；B 为常数，把它改变为应变的函数[30]，即

$$X_{drex} = 1 - \exp\left[-k\left(\frac{\varepsilon - \varepsilon_c}{\varepsilon_p}\right)^m \right] \tag{2.55}$$

式中：k 代表材料常数；m 为 Avrami 常数。

在一定时间范围内，发生动态再结晶的程度可以用动态再结晶体积分数方程来描述。本节将采纳应力-应变曲线法[31]，确定再结晶体积分数。再结晶会引起流变应力的改变，由于热模拟试验机可以准确地测定并记录瞬时流变应力的大小，运用该方法确定再结晶体积分数是十分准确的。

动态再结晶的体积分数可以通过材料的高温流变应力曲线计算得到。一般动态再结晶的体积分数 X_{drex}[32-34] 表示为

$$X_{drex} = \frac{\sigma_{WH} - \sigma}{\sigma_s - \sigma_{ss}} \quad (\varepsilon \geqslant \varepsilon_c) \tag{2.56}$$

动态再结晶发生后，曲线趋于平缓，σ_{ss} 为晶粒等轴阶段的应力值，可由应力-应变曲线的数据直接读出。σ_s 是饱和应力（加工硬化率 $\theta = 0$ 时的应力）。此处，σ_{WH} 为假设只有加工硬化和动态回复阶段的流变应力。可直接将应力-应变曲线外延后得到加工回复阶段的饱和应力[35]，下面主要求 σ_{WH}。

当 $X_{drex} = 0.5$ 时，

$$\sigma_{0.5} = \sigma_{WH_{0.5}} - 0.5(\sigma_s - \sigma_{ss}) \tag{2.57}$$

由式（2.57）可得，想要获得 $\sigma_{0.5}$，需求得 $\sigma_{WH_{0.5}}$，即得到如图 2.22 所示的虚线状态。虚线即表示动态回复状态。

塑性变形中，加工硬化现象是由于位错密度增大，动态回复状态下会产生位错密度的减少，两者共同相互作用造成的，位错密度可以用式（2.58）表示[33]为

$$\frac{d\rho}{d\varepsilon} = U - \Omega\rho \tag{2.58}$$

式中：U 为加工硬化；Ω 为动态回复系数，是在动态回复过程中出现的软化量，应用经典应力-位错关系[34] $\sigma_{WH} = \alpha Gb\rho^{0.5}$，则外延时所采用的动态回复流变应力模型为 Bergsorm 模型[36-39]，其动态回复流变应力的表达式为

$$\sigma_{WH} = [\sigma_s^2 + (\sigma_0^2 - \sigma_s^2)e^{-\Omega\varepsilon}]^{0.5} \quad (\varepsilon \leqslant \varepsilon_c) \tag{2.59}$$

对式（2.59）进行推算后，可知

$$\Omega\varepsilon = \ln\left(\frac{\sigma_s^2 - \sigma_0^2}{\sigma_s^2 - \sigma_{WH}^2}\right) \tag{2.60}$$

式中：σ_0 是材料变形的初始应力（该初始应力由真应力-真应变曲线加工硬化段，直线与圆弧相切的点确定）；Ω 是动态回复而产生的软化量，称为动态回复系数；σ_s 是饱和应力。25CrMo4 材料不同温度下热加工硬化率与应力关系，如图 2.28 所示，由此可获得不同温度、不同应变速率下的所有应力特征值，如表 2.13 所示。

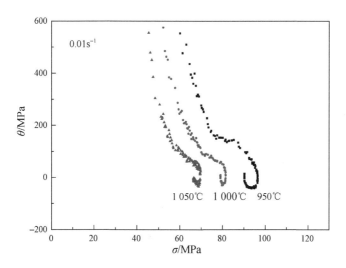

图 2.28 应变速率（0.01s⁻¹）的加工硬化率与应力关系

表 2.13 加工硬化率-应力曲线获得的所有应力特征值

应变速率/ s⁻¹	变形温度/ K	初始应力 σ_0 /MPa	峰值应力 σ_p /MPa	稳态应力 σ_{ss} /MPa	饱和应力 σ_s /MPa
	950	46.233	96.496	90.22	100.00
0.01	1 000	44.831	81.671	79.07	88.37
	1 050	42.496	69.735	66.34	74.56
	950	69.819	133.26	131.69	139.18
0.1	1 000	52.936	115.93	113.77	120.88
	1 050	44.521	95.924	94.61	98.47
1	1 100	55.214	110.05	107.65	114.16
	1 200	39.08	71.599	66.75	74.56

在真应力-真应变曲线上，当处于 $\varepsilon < \varepsilon_c$ 阶段，σ_{WH} 的取值就是应力-应变曲线上给定应变值对应的实际应力值，σ_0 是初始应力，也就是应力-应变曲线加工硬化段直线和曲线交界点的应力值；根据不同变形条件时的饱和应力，把数据代入式（2.60），进行线性回归，回归曲线如图 2.29 所示，曲线的斜率，就是动态回复系数 Ω，因此可以获得不同的变形条件的动态回复系数 Ω，如表 2.14 所示，再将 Ω 代入式（2.59）中，得到动态回复的流变应力；根据试验获得的应力-应变曲线，得到不同变形条件下的加工硬化与动态回复相互作用下的流变应力 σ_{WH}，也就得到了未发生动态再结晶时的流变应力曲线，然后根据式（2.56）求出动态再结晶体积分数，获得动态再结晶体积分数和真应变的关系曲线。

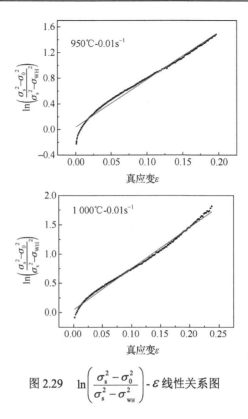

图2.29　$\ln\left(\dfrac{\sigma_s^2 - \sigma_0^2}{\sigma_s^2 - \sigma_{WH}^2}\right)$-$\varepsilon$ 线性关系图

表2.14　不同变形条件下的动态回复系数 Ω

应变速率/s^{-1}	变形温度/℃	动态回复系数 Ω
0.01	950	7.39
	1 000	6.01
	1 050	7.24
0.1	950	7.06
	1 000	7.04
	1 050	7.82
1	1 100	7.26
	1 200	6.31

　　把不同的动态回复系数 Ω 代入式（2.59）中，得到不同的 σ_{WH} 的表达式，以 950℃-0.01s^{-1} 为例，动态回复系数 Ω=7.39，饱和应力 σ_s = 100.00MPa，最初应力 σ_0 = 46.233MPa，代入式（2.59）中，可得

$$\sigma_{WH} = [100^2 + (46.233^2 - 100^2)e^{-7.39\varepsilon}]^{0.5} \tag{2.61}$$

即 950℃-0.01s^{-1} 动态回复的函数表达式为

$$y = [(100^2 + (46.233^2 - 100^2)e^{-7.39x})]^{\frac{1}{2}} \tag{2.62}$$

利用绘制函数图像软件 FooPlot，根据式（2.62），得到未发生动态再结晶时的流变应力回复曲线 σ_{WH}-ε，图 2.30（a）表示在 950℃-0.01s^{-1} 的变形条件下，加工硬化和动态回复相互作用后未发生动态再结晶的图像；图 2.30（b）表示 950℃-0.01s^{-1} 变形条件下发生动态再结晶的曲线。对于其他变形条件用此方法都可以求出对应变形条件下的动态回复曲线。

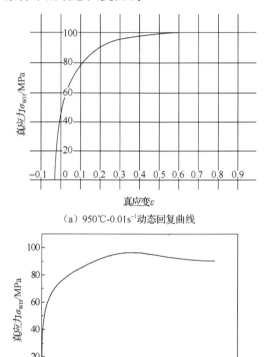

（a）950℃-0.01s^{-1}动态回复曲线

（b）950℃-0.01s^{-1}动态再结晶曲线

图 2.30　950℃-0.01s^{-1}动态回复曲线与动态再结晶曲线

把 σ_{WH} 代入式（2.56）中，得到

$$X_{drex} = \frac{\sigma_{WH}-\sigma}{\sigma_s-\sigma_{ss}} = \frac{[\sigma_s^2+(\sigma_0^2-\sigma_s^2)e^{-7.39\varepsilon}]^{0.5}-\sigma}{\sigma_s-\sigma_{ss}} \quad (\varepsilon \geqslant \varepsilon_c) \quad (2.63)$$

由式（2.63）得到不同变形温度、不同应变的 X_{drex}，然后求出 X_{drex}-ε 关系图，如图 2.31 所示（950℃-0.01s^{-1}、1 000℃-0.01s^{-1}）。由图 2.31 可知，根据动态再结晶体积分数 X_{drex} 为 50%时，与曲线交叉点作垂直线求得 $\varepsilon_{0.5}$。

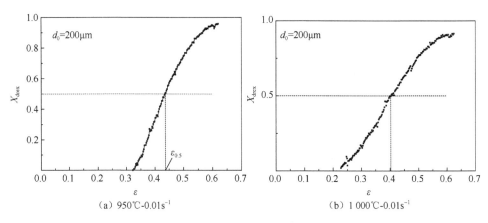

图 2.31　X_{drex} - ε 关系图

用同样的方法，根据其他变形条件下的饱和应力 σ_s、初始应力 σ_0 和动态回复系数 Ω 求出 σ_{WH}、X_{drex}、$\varepsilon_{0.5}$。

图 2.32 是相同应变速率、不同温度条件预测 X_{drex} - ε 关系曲线。图 2.33 是不同应变速率、相同温度条件下 X_{drex} - ε 关系曲线。从图中可以看到，变形温度、应变和应变速率对动态再结晶体积分数有很大的影响，图 2.32 中是应变速率 $\dot\varepsilon$ 为 $0.01s^{-1}$、$0.1s^{-1}$ 和 $1s^{-1}$ 时的变化规律，在应变速率 $\dot\varepsilon$ 恒定不变时，相同动态再结晶体积分数对应的应变值随温度的下降而增大；图 2.33 中，在恒定的变形温度下，相同动态再结晶体积分数所对应的应变随着应变速率的增大而增大。这说明，应变速率的增加及温度的下降都会使动态再结晶发生推迟。

可见，应变速率增大、变形温度下降，会导致晶界推移的速率下降。因此，在较高的变形速率及较低的变形温度下，变形金属趋于不完全的动态再结晶，得到的动态再结晶体积分数小于 1。图 2.33（c）中温度为 $1\,050℃$、应变速率为 $0.01s^{-1}$ 的情况动态再结晶体积分数接近 100%。

根据不同变形条件下 X_{drex} - ε 的关系图 2.33，提取动态再结晶体积分数和对应的应变值、峰值应变、临界应变等，对式（2.55）两边取对数，可得

$$\ln[-\ln(1-X_{drex})] = \ln k + m\ln\left(\frac{\varepsilon - \varepsilon_c}{\varepsilon_p}\right) \tag{2.64}$$

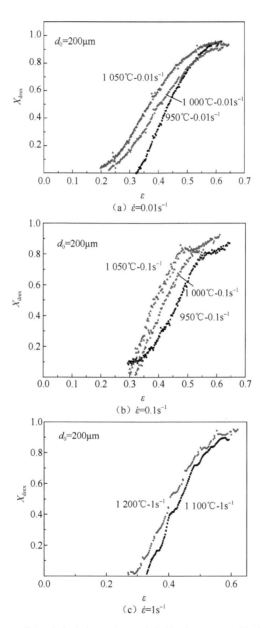

图 2.32 相同应变速率、不同温度条件预测 X_{drex}-ε 关系曲线

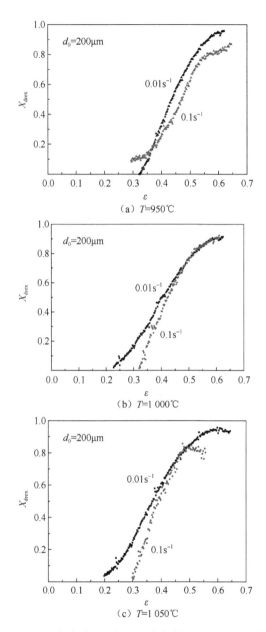

图 2.33　不同应变速率、相同温度条件下 X_{drex} - ε 关系曲线

由式(2.64),可得 $\ln[-\ln(1-X_{\text{drex}})]$ 与 $\ln[(\varepsilon-\varepsilon_c)/\varepsilon_p]$ 属于线性关系,根据 X_{drex}、ε_p 和 ε_c 的值进行拟合,绘制 $\ln[-\ln(1-X_{\text{drex}})]$ - $\ln[(\varepsilon-\varepsilon_c)/\varepsilon_p]$ 线性关系,如图 2.34 所示。

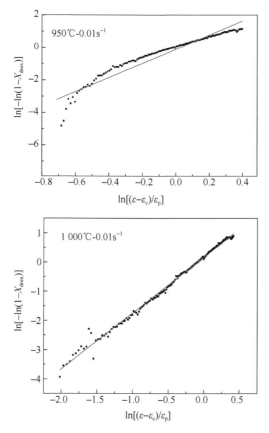

图 2.34 $\ln[-\ln(1-X_{\mathrm{drex}})]$ - $\ln[(\varepsilon-\varepsilon_{\mathrm{c}})/\varepsilon_{\mathrm{p}}]$ 线性关系

$$m = \frac{\partial \ln[-\ln(1-X_{\mathrm{drex}})]}{\partial \ln[(\varepsilon-\varepsilon_{\mathrm{c}})/\varepsilon_{\mathrm{p}}]} \qquad (2.65)$$

由式（2.65）可知，回归直线的斜率即为 m 值，直线的截距为 $\ln k$，在不同变形条件下回归得到 m、k 值，如表 2.15 所示。

表 2.15 不同变形条件下回归得到 m、k 值

应变速率/s^{-1}	变形温度/℃	m	$\ln k$	k
	950	4.361	−0.104	0.9015
0.01	1 000	1.917	0.169	1.18437
	1 050	1.514	0.317	1.374
	950	1.399	0.638	1.892
0.1	1 000	2.770	1.048	2.853
	1 050	3.470	0.544	1.722
	1 100	3.274	1.080	2.944
1	1 200	2.793	0.470	1.600

根据表 2.15 中的 m、k 值，求得平均值 $m=2.687$、$k=1.809$，最后求得 25CrMo4 钢再结晶体积分数 X_{drex} 的表达式为

$$X_{drex} = 1 - \exp\left[-1.809\left(\frac{\varepsilon - \varepsilon_c}{\varepsilon_p}\right)^{2.687}\right] \tag{2.66}$$

DEFORM-3D 软件提供了 Yada 模型的组织预报接口，若把动态再结晶体积分数模型嵌入软件中用于有限元模拟和分析，必须按 Yada 模型的组织预报模型。组织预报 Yada 模型如下式所示：

$$X'_{drex} = 1 - \exp\left[-\beta_d\left(\frac{\varepsilon - a_{10}\varepsilon_p}{\varepsilon_{0.5}}\right)^{k_d}\right] \tag{2.67}$$

式中，X'_{drex} 求法与前面 X_{drex} 的求法一致，β_d、k_d、a_{10} 为待定系数，用回归递推得到。利用软件 Python 拟合得到系数 β_d、k_d、a_{10}。图 2.35 列举了 950℃-0.1s^{-1} 及 1 000℃-0.1s^{-1} 条件下求系数的程序及得到的回归系数。

```
In [37]: import numpy as np
         import scipy as sp
         from scipy.optimize import leastsq
         xi=np.array([0.24398,0.25372,0.26368,0.27367,0.28392,0.29426,0.30462,0.31507,0.32552,0.33409,0.34469,0.35322,0.36392,0.37274,0.38382])
         yi=np.array([0.09234,0.10531,0.09775,0.12377,0.11524,0.10983,0.14885,0.1649,0.19554,0.19369,0.24012,0.26359,0.31068,0.31303,0.3637])
         def func(p,x):
             return 1-np.exp((-p[0]*(x-0.38847*p[1])/0.471)**p[2])
         def error(p,x,y):
             return func(p,x)-y
         p0=[1,1,1]
         Para=leastsq(error,p0,args=(xi,yi))
         a,b,c=Para[0]
         print("a=",a,"b=",b,"c=",c)

         a= 0.956311428817 b= 0.988029996268 c= 1.03142600902
```

（a）T_0=950℃，$\dot{\varepsilon}$ =0.1s^{-1}

```
In [8]: import numpy as np
        import scipy as sp
        from scipy.optimize import leastsq
        xi=np.array([0.32016,0.33065,0.34359,0.35211,0.36297])
        yi=np.array([0.01502,0.05307,0.07428,0.18424,0.23786])
        def func(p,x):
            return 1-np.exp((-p[0]*(x-0.36359*p[1])/0.425)**p[2])
        def error(p,x,y):
            return func(p,x)-y
        p0=[1,1,1]
        Para=leastsq(error,p0,args=(xi,yi))
        Para[0]

        E:\python\python1\lib\site-packages\ipykernel_launcher.py:8: RuntimeWarning: invalid value encountered in power

Out[8]: array([ 0.98499135,  0.99829479,  1.00648078])
```

（b）T_0=1 000℃，$\dot{\varepsilon}$ =0.1s^{-1}

图 2.35　不同变形条件下回归系数 β_d、k_d、a_{10} 的程序

根据以上方法，求得不同变形条件下的系数的平均值：$\beta_d = 0.971$、$k_d =1.019$、$a_{10} =0.993$，因此，动态再结晶过程中体积分数的模型，如下式所示：

$$X'_{drex} = 1 - \exp\left[-0.971\left(\frac{\varepsilon - 0.993\varepsilon_p}{\varepsilon_{0.5}}\right)^{1.019}\right] \tag{2.68}$$

下面求动态再结晶体积分数为 50% 的应变值 $\varepsilon_{0.5}$，根据图 2.31 X'_{drex} 与 ε 关系

曲线，当 X_{drex} =50%时，通过该纵坐标点，绘制平行于应变横坐标轴的直线，直线与图线的交叉点对应横坐标值为 $\varepsilon_{0.5}$，由此方法，可获得不同变形条件下的动态再结晶体积分数 50%对应的应变数据，如表 2.16 所示。

表 2.16　动态再结晶体积分数 50%对应的应变数据

应变速率/s⁻¹	变形温度/℃	$\varepsilon_{0.5}$
0.01	950	0.435
	1 000	0.403
	1 050	0.370
	1 100	0.341
	1 200	0.322
0.1	950	0.471
	1 000	0.425
	1 050	0.391
	1 100	0.374
	1 200	0.312
1	950	0.480
	1 000	0.446
	1 050	0.417
	1 100	0.399
	1 200	0.405

软件提供了 $\varepsilon_{0.5}$ 的 Yada 模型的组织预报接口，该模型预报如下：

$$\varepsilon_{0.5} = a_2 d_0^{n_2} \dot{\varepsilon}^{m_2} \exp\left(\frac{Q_2}{RT}\right) \tag{2.69}$$

由式（2.69）两边求对数，得到

$$\ln \varepsilon_{0.5} = \ln a_2 + n_2 \ln d_0 + m_2 \ln \dot{\varepsilon} + \frac{Q_2}{RT} \tag{2.70}$$

当温度相同时，$\ln \varepsilon_{0.5}$ 与 $\ln \dot{\varepsilon}$ 呈线性关系，对应的关系图如图 2.36（a）所示，拟合后斜率为 m_2 的值，即 $m_2 = \dfrac{\partial \ln \varepsilon_{0.5}}{\partial \ln \dot{\varepsilon}}$，求平均值可得到 $m_2 = 0.021$，如表 2.17 所示；$\ln \varepsilon_{0.5}$ - $\ln d_0$ 线性关系，对应的关系如图 2.36（b）所示，拟合后斜率为 n_2，$n_2 = \dfrac{\partial \ln \varepsilon_{0.5}}{\partial \ln d_0}$，取不同变形条件的平均值可得到 $n_2 = -0.357$。

当应变速率 $\dot{\varepsilon}$ 相同时，$\ln \varepsilon_{0.5}$ 与 T^{-1} 呈线性关系，斜率为 $\dfrac{Q_2}{R}$ 的值，那么 $Q_2 = R \times \left(\dfrac{\partial \ln \varepsilon_{0.5}}{\partial T^{-1}}\right)$，求平均值，获得 $Q_2 = 23\,392.39\text{J}/\text{mol}$，如表 2.18 所示。把 m_2、n_2、Q_2 的值代入式（2.69），可以求出 $a_2 = 0.328$。

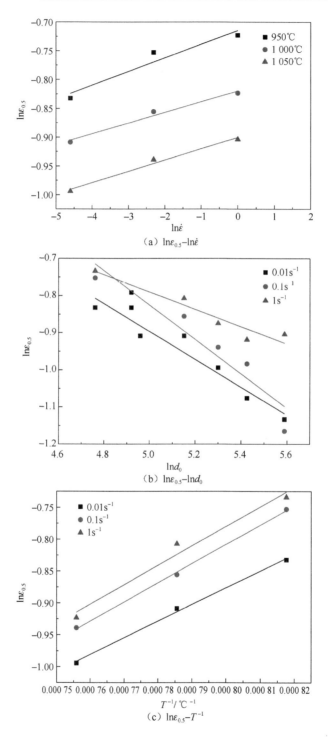

（a）$\ln\varepsilon_{0.5}-\ln\dot{\varepsilon}$

（b）$\ln\varepsilon_{0.5}-\ln d_0$

（c）$\ln\varepsilon_{0.5}-T^{-1}$

图 2.36　一元线性回归拟合

通过以上回归分析，得到

$$\varepsilon_{0.5} = 0.328 d_0^{-0.357} \dot{\varepsilon}^{0.021} \exp\left(\frac{23\,392.39}{RT}\right) \qquad (2.71)$$

表 2.17　不同温度、相同应变速率条件下回归 m_2 及截距 $\ln(a_2 d_0^{n_2})$ 值

变形温度/℃	950		1 000		1 050	
相关参数	m_2	$\ln(a_2 d_0^{n_2})$	m_2	$\ln(a_2 d_0^{n_2})$	m_2	$\ln(a_2 d_0^{n_2})$
回归系数	0.024	−0.715	0.019	−0.820	0.020	−0.901

表 2.18　不同应变速率、相同温度条件下回归 Q_2 值

应变速率/s^{-1}	0.01	0.1	平均值
Q_2 / R	2 615.41	3 014.53	2 814.97

根据式（2.71）中 $\varepsilon_{0.5}$ 的预测模型，可求出不同变形条件下的 $\varepsilon_{0.5}$ 的预测值，如表 2.19 所示；预测值与试验值比较，一致性较好，如图 2.37 所示。可见，式（2.71）可以用来预测 25CrMo4 钢的 $\varepsilon_{0.5}$ 值。

表 2.19　动态再结晶体积分数 50%的预测值

应变速率/s^{-1}	变形温度/℃	试验值 $\varepsilon_{0.5}$	预测值 $\varepsilon_{0.5}$
0.01	950	0.435	0.543
	1 000	0.403	0.432
	1 050	0.370	0.377
	1 100	0.341	0.333
	1 200	0.322	0.273
0.1	950	0.471	0.570
	1 000	0.425	0.453
	1 050	0.391	0.395
	1 100	0.374	0.350
	1 200	0.312	0.287
1	950	0.480	0.627
	1 000	0.446	0.475
	1 050	0.417	0.414
	1 100	0.399	0.367
	1 200	0.405	0.301

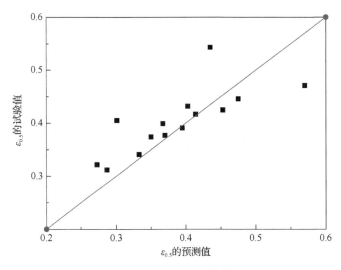

图 2.37　$\varepsilon_{0.5}$ 的预测值与试验值的比较

2.7.6　动态再结晶演变规律及晶粒的数学模型

1. 25CrMo4 钢动态再结晶试验结果

根据前面金相腐蚀及测量晶粒度试验方法，20 个样件中每个样件选取 5 个不同的位置测量晶粒尺寸，获得不同变形条件下的 100 组晶粒尺寸，数据如表 2.20 所示。

表 2.20　不同变形条件下动态再结晶晶粒尺寸

试样编号	应变速率/s⁻¹	温度 T/℃	晶粒尺寸/μm	晶粒平均尺寸/μm
1			18.19	
2			20.94	
3		950	17.99	21.374
4			19.82	
5			29.93	
6			18.41	
7			15.76	
8	0.01	1 000	48.84	25.168
9			21.65	
10			21.18	
11			20.08	
12			21.32	
13		1 050	29.76	22.69
14			19.19	
15			23.1	

续表

试样编号	应变速率/s⁻¹	温度 T/℃	晶粒尺寸/μm	晶粒平均尺寸/μm
16			32.7	
17			39.74	
18		1 100	58.15	41.21
19			36.03	
20	0.01		39.43	
21			35.27	
22			25.61	
23		1 200	29.87	23.204
24			14.36	
25			10.91	
26			10.66	
27			16.94	
28		950	22.26	21.75
29			20.68	
30			23.21	
31			31.59	
32			18.88	
33		1 050	29.85	29.732
34			35.57	
35			32.77	
36			39.64	
37			25.51	
38	0.1	1 000	24.82	22.084
39			26.83	
40			27.64	
41			34.99	
42			24.98	
43		1 100	35.37	32.126
44			32.2	
45			33.09	
46			35.93	
47			42.58	
48		1 200	47.04	37.6
49			40.7	
50			33.09	
51			18.19	
52	1	950	26.82	21.904
53			20.52	

试样编号	应变速率/s^{-1}	温度 T/℃	晶粒尺寸/μm	晶粒平均尺寸/μm
54	1	950	29.48	
55			14.51	
56		1 050	35.81	26.207
57			25.29	
58			27.5	
59			19.26	
60			16.29	
61		1 000	33.09	30.638
62			23.02	
63			33.83	
64			27.26	
65			27.13	
66		1 100	29.94	30.162
67			28.48	
68			28.86	
69			30.08	
70			33.45	
71		1 200	49.94	54.248
72			47.51	
73			59.72	
74			53.96	
75			60.11	
76	10	950	21.23	22.684
77			14.26	
78			26.95	
79			19.16	
80			31.82	
81		1 050	19.71	24.602
82			23.1	
83			26.48	
84			24.36	
85			21.65	
86		1 000	21.62	22.09
87			25.63	
88			17.62	
89			22.07	
90			23.51	
91		1 100	27.93	20.064
92			30.01	

续表

试样编号	应变速率/s⁻¹	温度 T/℃	晶粒尺寸/μm	晶粒平均尺寸/μm
93			26.38	
94		1 100	22.85	20.064
95			21.92	
96	10		31.94	
97			25.35	
98		1 200	22.8	24.772
99			25.59	
100			28.41	

2. 动态再结晶晶粒的演变规律

1）变形温度

图 2.38 所示是应变速率为 $0.01s^{-1}$、不同变形温度的情况下 25CrMo4 钢变形后的微观组织。由图可知，温度从 950℃到 1 100℃，晶粒随温度的升高而变得粗大。

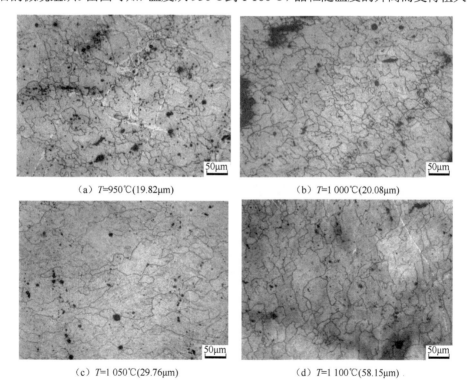

（a）T=950℃(19.82μm)　　　　　　　　（b）T=1 000℃(20.08μm)

（c）T=1 050℃(29.76μm)　　　　　　　　（d）T=1 100℃(58.15μm)

图 2.38　变形温度对 25CrMo4 钢变形组织的影响规律

注：初始奥氏体晶粒尺寸 d_0 为 200μm，$\dot{\varepsilon}$ =0.01s⁻¹，变形程度为 60%。

在 950℃、1 000℃、1 050℃和 1 100℃时，动态再结晶平均晶粒尺寸分别是19.82μm、20.08μm、29.76μm 和 58.15μm。950℃条件下，晶界处有许多细小晶粒，原始的大一点的晶粒呈扁形，说明 950℃时，动态再结晶已经开始发生，与该条件下的真应力-真应变曲线的规律相符。

在 1 000℃时，晶粒逐渐变大，但仍扁平状，1 050℃以上时，晶粒基本趋向等轴，变形组织几乎消失，动态再结晶已经发生完全，1 100℃的晶粒比较粗大，如图 2.38（b）～（d）所示。

2）应变速率

图 2.39 所示为各应变速率时 25CrMo4 钢热模拟压缩后的微观组织。图中显示了变形温度在 1 000℃，应变速率分别为 $0.01s^{-1}$、$0.1s^{-1}$、$1s^{-1}$ 和 $10s^{-1}$ 时的四种情况，利用圆截距法获得再结晶晶粒尺寸分别为25.168μm、22.084μm、30.638μm 和22.090μm。四种变形条件下的晶粒几乎呈等轴状，这说明已经完全发生了动态再结晶。应变速率 $0.01s^{-1}$ 下的晶粒粗大，当从 $0.01s^{-1}$ 发展到 $0.1s^{-1}$ 时，从 $0.1s^{-1}$ 增大到 $1s^{-1}$ 时，晶粒都得到了细化，但是从 $1s^{-1}$ 升到 $10s^{-1}$ 时，晶粒就没有再细化，而是出现了部分区域晶粒继续增大。这是因为从 $0.01s^{-1}$ 增大到 $1s^{-1}$ 与从 $1s^{-1}$ 增大到 $10s^{-1}$ 的再结晶机理不同，即在 $10s^{-1}$ 变形条件下，发生了亚动态再结晶或静态再结晶现象。这与真应力-真应变曲线的规律一致，在 $0.01s^{-1}$、$0.1s^{-1}$ 和 $1s^{-1}$ 均发生了动态再结晶，流变曲线均出现了峰值应力，然后真应力随着真应变的增加开始下降，并发生了稳态流变应力，因此动态再结晶发生彻底。而在 $10s^{-1}$ 发生了动态回复，没有出现高峰应力值，而是一直延伸出去。试样压缩变形结束，紧接着是淬火，时间间隔 1.5～2s，在此环境下，有足够的时间发生完全静态再结晶或者亚动态再结晶，所以大部分晶粒为等轴的。

表 2.21 为不同变形条件下动态再结晶平均晶粒尺寸。由表 2.21 可知，温度增高，平均晶粒尺寸是增大的趋势；应变速率变大，在 950～1 050℃均发生了晶粒尺寸细化、变大再细化的过程。这与变形温度对 25CrMo4 钢微观组织影响的分析规律是吻合的。这说明在动态再结晶后发生了静态再结晶或亚动态再结晶现象。

表 2.21　不同变形条件下动态再结晶平均晶粒尺寸

应变速率/s^{-1}	平均晶粒尺寸/μm				
	950℃	1 000℃	1 050℃	1 100℃	1 200℃
0.01	21.374	25.168	22.69	41.21	23.204
0.1	21.75	22.084	29.732	32.126	37.6
1	21.904	30.638	26.207	30.162	54.248
10	22.684	22.09	24.602	20.064	24.772
平均值	19.678	24.995	22.083	30.891	36.965

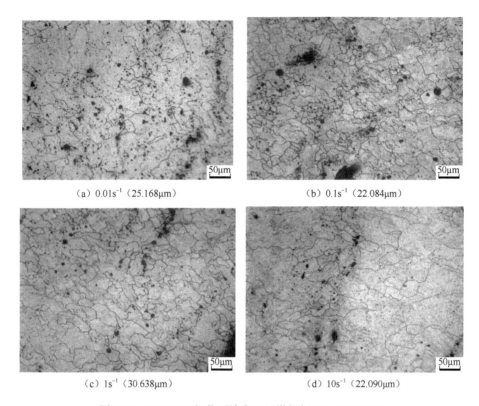

（a）0.01s⁻¹（25.168μm）   （b）0.1s⁻¹（22.084μm）

（c）1s⁻¹（30.638μm）   （d）10s⁻¹（22.090μm）

图 2.39   25CrMo4 钢热压缩变形显微组织（T=1 000℃）

3）初始奥氏体晶粒尺寸

图 2.40 为变形温度 T_0=1 200℃、应变速率 $\dot{\varepsilon}$=0.01s⁻¹、变形程度 60%下，初始奥氏体晶粒尺寸对 25CrMo4 钢变形组织的影响规律。由图可见，初始晶粒尺寸较小（10.91μm）区域，动态再结晶更容易发生，图 2.40（a）中几乎发生完全动态再结晶，出现大面积细小的再结晶晶粒，而图 2.40（b）初始晶粒尺寸较粗大（125.61μm）区域，动态再结晶刚刚开始发生，粗大晶粒的晶界处出现细小的晶粒。可见，晶粒越细小的区域，越容易产生动态再结晶。

图 2.41 为变形温度 T_0=1 050℃、应变速率 $\dot{\varepsilon}$=0.01s⁻¹、变形程度 60%下，初始奥氏体晶粒尺寸对 25CrMo4 钢变形组织的影响规律。图 2.41（a）的初始晶粒尺寸小于图 2.41（b）的初始晶粒尺寸，对应完全动态再结晶后的平均晶粒尺寸分别为 25.29μm、27.50μm，初始晶粒尺寸细小，对应的完全动态再结晶后晶粒相对均匀而且尺寸偏小。但本试验中说明动态再结晶晶粒平均尺寸与变形温度、应变速率和初始奥氏体晶粒尺寸大小均有关系。动态再结晶应该考虑初始晶粒尺寸的大小。

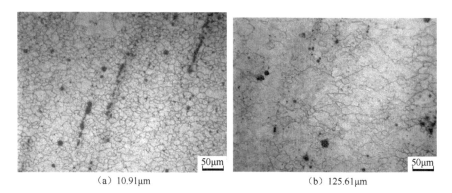

（a）10.91μm   （b）125.61μm

图 2.40　初始奥氏体晶粒尺寸对 25CrMo4 钢变形组织的影响规律
（$T_0 = 1\,200℃$，$\dot{\varepsilon} = 0.01\mathrm{s}^{-1}$，变形程度 60%）

（a）25.29μm（1050-2）   （b）27.50μm（1050-3）

图 2.41　初始奥氏体晶粒尺寸对 25CrMo4 钢变形组织的影响规律
（$T_0 = 1\,050℃$，$\dot{\varepsilon} = 0.01\mathrm{s}^{-1}$，变形程度 60%）

4）25CrMo4 钢动态再结晶晶粒数学模型

在稳定变形阶段，独立于原始晶粒尺寸 d_0 的动态再结晶晶粒尺寸可以描述为式（2.72）[40-43]。此模型也适合在 DEFORM-3D 中模拟使用，即

$$d_{drex} = a_3 d_0^{n_3} \dot{\varepsilon}^{m_3} \exp\left(-\frac{Q_3}{RT}\right) \qquad (2.72)$$

式中：d_{drex} 是动态再结晶晶粒尺寸；$\dot{\varepsilon}$ 是应变速率；T 是变形温度（K）；Q_3 是动态再结晶激活能；a_3、n_3 和 m_3 是材料常数；R 是摩尔气体常数；d_0 是奥氏体原始晶粒尺寸。对 25CrMo4 钢的试样的初始晶粒尺寸进行了试验，测出试样初始晶粒尺寸如表 2.10 所示，平均值为 196.9μm，热模拟的压缩比为 60%。

为了把动态再结晶晶粒尺寸模型建立起来，前面金相腐蚀及晶粒度测试试验中，详细介绍了晶粒度尺寸测量方法，试验中选取了 950℃、1 000℃、1 050℃、1 100℃和 1 200℃五个不同的变形温度，应变速率选取了 0.01s⁻¹、0.1s⁻¹、1s⁻¹ 和 10s⁻¹ 四个不同的应变速率的样件，进行压缩变形后淬火，获得金相组织后，测量动态再结晶结束后的晶粒尺寸大小。每一个试样选取了 5 个不同的位置测量了晶粒尺寸大小，共获得 100 个晶粒尺寸数据，具体数据如表 2.20 所示。

基于表 2.21 的晶粒尺寸数据，式（2.72）两边分别取对数，可得

$$\ln d_{\mathrm{drex}} = \ln a_3 + n_3 \ln d_0 + m_3 \ln \dot{\varepsilon} - \frac{Q_3}{RT} \tag{2.73}$$

当温度相同时，$\ln d_{\mathrm{drex}}$ 与 $\ln \dot{\varepsilon}$ 呈线性关系，拟合后斜率为 m_3 的值，即 $m_3 = \dfrac{\partial \ln d_{\mathrm{drex}}}{\partial \ln \dot{\varepsilon}}$，求平均值可得 $m_3 = -0.012\,8$；当应变速率 $\dot{\varepsilon}$ 相同时，$\ln d_{\mathrm{drex}}$-T^{-1} 呈线性，斜率为 $-\dfrac{Q_3}{R}$ 的值，通过 $Q_3 = R \times \left(\dfrac{\partial \ln d_{\mathrm{drex}}}{\partial T^{-1}} \right)$，可得 $Q_3 = 31\,798.0\mathrm{J/mol}$；$\ln d_{\mathrm{drex}}$ 与 $\ln d_0$ 呈线性关系，拟合后斜率为 n_3 的值，即 $n_3 = \dfrac{\partial \ln d_{\mathrm{drex}}}{\partial \ln d_0}$，求平均值可得 $n_3 = 0.636$；把 m_2、n_3、Q_2 的值代入式（2.72）可以求出 $a_3 = 17.3$；因此，在动态再结晶过程中，其晶粒尺寸模型可表示为

$$d_{\mathrm{drex}} = 17.3 d_0^{0.636} \dot{\varepsilon}^{-0.013} \exp\left(-\frac{31\,798.0}{RT} \right) \tag{2.74}$$

图 2.42 所示是晶粒模型的预测值与试验值比较。从图 2.42 中可知试验值和预测值接近一致。因此，式（2.74）动态再结晶晶粒尺寸模型能够代表 25CrMo4 材料在热成形过程中，预测动态再结晶不同变形条件下晶粒尺寸的大小。

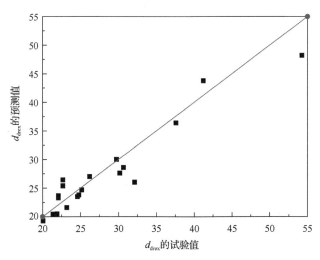

图 2.42　d_{drex} 预测值与试验值的比较

2.7.7　25CrMo4 材料模型的导入

高温流变本构模型、动态再结晶动力学模型及动态再结晶晶粒的尺寸模型建立后，需要导入到 DEFORM-3D 软件中。利用软件的材料添加功能，将 25CrMo4

材料数据输入到软件对应界面中[44]，如图 2.43 所示。图 2.44 为应力-应变选择模型界面；图 2.45 为再结晶模型添加界面；图 2.46 为动态再结晶动力学模型添加界面；图 2.47 为动态再结晶峰值应变模型添加界面；图 2.48 为动态再结晶晶粒尺寸模型添加界面。

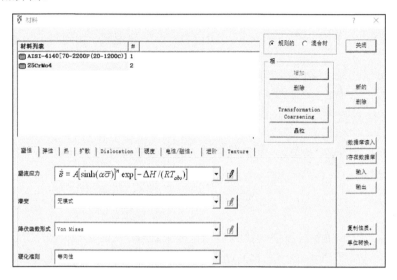

图 2.43　材料数据库界面

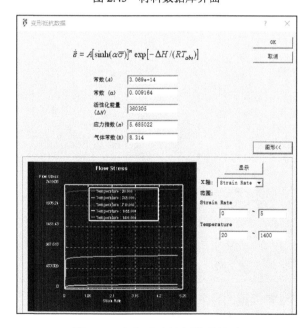

图 2.44　应力-应变选择模型界面

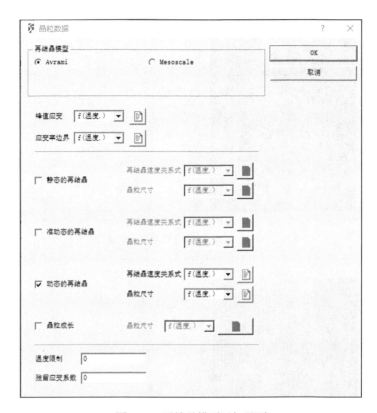

图 2.45　再结晶模型添加界面

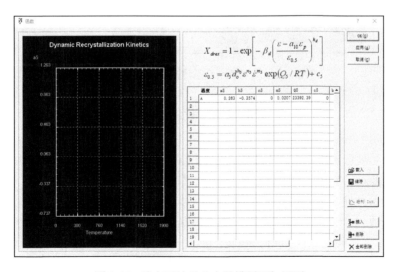

图 2.46　动态再结晶动力学模型添加界面

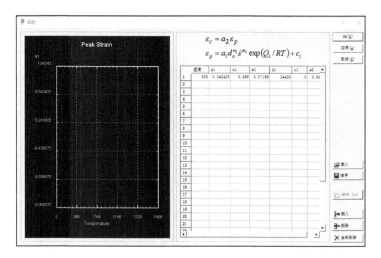

图 2.47　动态再结晶峰值应变模型添加界面

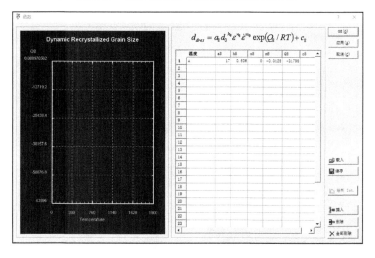

图 2.48　动态再结晶晶粒尺寸模型添加界面

2.8　本　章　小　结

本章主要针对空心列车轴多楔同步轧制力学和材料微观模型开展系统研究,获得的主要结论如下。

(1) 通过建立空心列车轴轧制力学模型,获得其旋转条件和稳定轧制条件,得到楔的数目 n 越多,旋转条件越差;摩擦系数 μ 越大,旋转条件越好;辊径比值 D/d 越大,旋转条件越好;模具的展宽角 β 越小,成形角 α 越小越有利于旋转;在满足旋转条件下,随着成形角和展宽角的增大,其稳定轧制条件越差;随着壁厚的增加,其稳定轧制条件越好。由于空心车轴的壁厚相对已定,选用时尽可能考虑较小的展宽角和成形角。

（2）对 25CrMo4 材料在动态下的力学行为进行了试验研究，采取金相分析和数据回归等研究方法，获得了该材料高温流变本构模型、动态再结晶动力学模型及动态再结晶晶粒的尺寸模型。

参 考 文 献

[1] 束学道. 楔横轧多楔同步轧制理论与应用[M]. 北京：科学出版社，2011.

[2] LI C M，SHU X D，Hu Z H. The research and actuality on methods of forming railway shafts[J]. Metallurgical Equipment, 2006（6）：5-8.

[3] 张康生，刘晋平，王宝雨，等. 楔横轧空心件稳定轧制条件分析[J]. 北京科技大学学报，2001, 23（2）：155-157.

[4] 朱宏桢. Q235 钢热塑性变形过程中微观组织模拟[D]. 哈尔滨：哈尔滨工业大学, 2006.

[5] KONG L X, HODGSON P D, Development of constitutive models for metal forming with cyclic strain softening[J]. Journal of Materials Processing Technology, 1999, 89-90:44-50.

[6] JONAS J, SELLARS C M, Tegart J M. Strength and structure under hot-working conditions[J]. Metallurgical Reviews, 1969, 14:1-24.

[7] 中国标准出版社第五编辑室. 金属材料金相热处理检验方法标准汇编[M]. 2 版. 北京：中国标准出版社，2010.

[8] 孙秋冬，颜文英，邱勇平，等. 钢金相图像中晶粒度的估算方法[J]. 上海第二工业大学学报，2006，23（1）：21-24.

[9] LIN Y C, CHEN M S,ZHONG J. Constitutive modeling for elevated temperature flow behavior of 42CrMo steel[J]. Computational Materials Science, 2008, 42（3）：470-477.

[10] LIN Y C,LIN G.A new mathematical model for predicting flow stress of typical high-strength alloy steel at elevated high temperature[J]. Computational Materials Science, 2010, 48（1）：54-58.

[11] KIM S I, YOO Y C. Dynamic recrystallization behavior of AISI 304 stainless steel[J]. Materials Science & Engineering A, 2001, 311（1）：108-113.

[12] YANAGIDA A, YANAGIMOTO J. A novel approach to determine the kinetics for dynamic recrystallization by using the flow curve[J]. Journal of Materials Processing Technology, 2004, 151（1-3）：33-38.

[13] MCQUEEN H J, YUE S, RYAN N D, et al. Hot working characteristics of steels in austenitic state[J]. Journal of Materials Processing Technology, 1995, 53（1-2）：293-310.

[14] 王忠堂，邓永刚，张士宏. 基于加工硬化率的高温合金 Inconel 690 动态再结晶临界条件[J]. 材料热处理学报，2014, 35（7）：193-197.

[15] 欧阳德来，鲁世强，崔霞，等. 应用加工硬化率研究 TA15 钛合金 β 区变形的动态再结晶临界条件[J]. 航空材料学报，2010, 30（2）：17-23.

[16] 蔺永诚，陈明松. 高性能大锻件控形控性理论及应用[M]. 北京：科学出版社，2013.

[17] 蔺永诚，陈明松，钟掘. 42CrMo 钢亚动态再结晶行为研究[J]. 材料热处理学报，2009, 30（2）：71-75.

[18] CAO Y，DI H S，Zhang J Q. Research on hot deformation behavior and hot work ability of alloy 800H[J]. Acta Metallurgica Sinica，2013，7（49）：811-821.

[19] 易啸. 2Cr13 钢热变形行为研究[D]. 沈阳：东北大学, 2012.

[20] MCQUEEN H J，RYAN N D. Constitutive analysis in hot working[J]. Materials Science and Engineering A，2002，322：43-46.

[21] NADERI M, DURRENBERGER L, BLECK W. Constitutive relationshipsfor 22MnB5 boron steel deformed isothermally at hightemperatures[J]. Materials Science and Engineering, 2008, A478：130.

[22] ZENER C，HOLLOMON J H. Effect of strain-rate upon the plastic flow of steel[J]. Journal of Applied Physies，1944，15（1）：22-27.

[23] MAHMOUD R，GHANDEHARI F，DAVOOD N. Modeling the hightemperature flow behavior and dynamic recrystallization kinetics of a medium carbon microalloyed steel[J].ASM International, 2014, 23：1077 -1087.

[24] 马博，彭艳，刘云飞. 低合金钢 Q345B 动态再结晶动力学模型[J]. 材料热处理学报，2010，31（4）：141-147.

[25] IMBERT C A C，MCQUEEN H J. Peak strength strain hardening and dynamic restoration of A2 and M2 tool steels in hot deformation[J]. Materials Science and Engineering A, 2001, 313：88-103.

[26] QUAN G-Z, ZHAO L，SHI Y. An identification and characterization for the dynamic recrystallization critical conditions of Ti-6Al-2Zr-1Mo-1V alloy[J]. Journal of Functional Materials，2012, 43（2）：222-226.

[27] FEN D, ZHANG X M, LIU S D. Rate controlling mechanisms in hot deformation of 7A55 aluminum alloy[J]. Transactions of Nonferrous Metals Society of China，2014, 24：28-35.

[28] SELLARS C M,WHITEMAN J A. Recrystallization and grain in hot rolling[J]. Materials Science, 1979, 3:187-194.

[29] 张斌，张鸿冰. 35CrMo 结构钢的热变形行为[J]. 北京：金属学报，2004，40（10）：1109-1114.

[30] SERAJZADEH S. Prediction of flow behavior during warm working[J]. ISIJ International, 2004, 44（11）：1867-1873.

[31] 葛列里克，全健民. 金属和合金的再结晶[M]. 北京：机械工业出版社，1985.

[32] LAASRAOUI A, JONAS J J. Prediction of steel flow stresses at high temperatures and strain rates[J]. METALLURGICAL Transactions A, 1991, 22（7）：1545-1558.

[33] 王进，陈军，赵震，等. 非调质钢 F40MnV 高温流动应力模型研究[J]. 塑性工程学报，2005，12（5）：54-57.

[34] MECKING H, KOCKS U F. Kinetics of flow and strain-hardening[J]. Acta Metallurgica, 1982, 29（11）：1865-1875.

[35] 权国政，石彧，赵磊，等. 42CrMo 钢热塑性变形诱导动态再结晶行为的动力学描述[J]. 材料热处理学报，2012，33（10）：155-162.

[36] 金蕾，徐有容. C-Mn 钢热变形行为及其流变应力模型的研究[J]. 上海大学学报（自然科学版），1999, 5（2）：123-127.

[37] 何宜柱，陈大宏，雷廷权. 热变形动态软化本构模型[J]. 钢铁，1999（9）：29-33.

[38] 肖凯，陈拂晓. 铸态铅黄铜动态再结晶模型的建立[J]. 塑性工程学报，2008, 15（3）：132-137.

[39] 王敏婷，杜凤山，李学通，等. 楔横轧轴类件热变形时奥氏体微观组织演变地预测[J]. 金属学报，2005，41（2）：115-122.

[40] SAKAI T, BELYAKOV A, KAIBYSHEV R,et al. Progress in Materials Science. 60, 130（2014）.

[41] WANG M T, Li X TONG, DU F S, et al. Hot Deformation of austenite and predietion of microstructure evolution of cross-wedge Rolling[J]. Materials Science and Engineering，2004,A（379）:133-140.

[42] Li X T, W M T, DU F S. The coupling thermal-mEchnaical and microstructural model for the FEM simulation of cross wedge rolling[J]. Journal of Materials Processing Technology, 2006（172）：202-207.

[43] 张鸿冰，张斌，柳建韬. 钢中动态再结晶力学测定及其数学模型[J]. 上海交通大学学报，2003, 7：1053-1056.

[44] 郑书华. 空心列车轴多楔同步轧制形性控制理论与试验研究[D]. 宁波：宁波大学，2018.

3 空心列车轴楔横轧多楔同步轧制模具设计

楔横轧多楔同步轧制成形有别于顺序轧制,其模具形式及尺寸与轧件尺寸相互关联、相互制约,合理设计模具楔形及尺寸对轧件成形质量有很大影响。本章将对楔横轧多楔同步轧制空心列车轴模具设计中的基本工艺参数和重要工艺参数的选取原则和计算公式进行阐述和推导,给出空心列车轴模具设计的两种成形方案,对多楔模具最外楔布置方案分别进行仿真获得最优外楔方案,在此基础上设计出 2 楔和 3 楔多楔轧制空心列车轴模具,为建立多楔同步轧制空心列车轴的热力耦合有限元模型奠定了基础。

3.1 模具基本工艺参数的选取原则

楔横轧模具基本工艺参数包括成形角 α、展宽角 β、断面收缩率 ψ。结合图 3.1,简要介绍这三个楔横轧基本工艺参数对轧制空心轴件影响和选取原则。

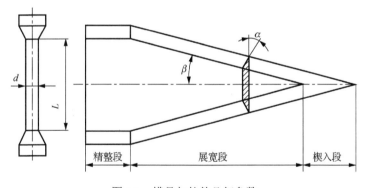

图 3.1   模具与轧件几何参数

3.1.1   成形角

成形角 α 是楔横轧模具设计两个最基本工艺参数之一,它对空心轧件的旋转条件、缩颈条件及椭圆度有显著的影响。

由多楔轧制空心轴件的旋转条件可知,成形角 α 越大,旋转条件越差。成形角 α 也是影响轧件是否会拉细的主要决定因素,成形角 α 越大越易拉细。但考虑成形角 α 对椭圆度的影响规律,随着成形角的增大,椭圆度值减小,即增大成形角 α 对提高轧件的成形质量有积极的作用。因此,成形角的选取原则较轧制实心件有所区别，为减小轧件横截面上的椭圆度值应适当增大成形角 α。根据理论与实践，多楔轧制空心轴件模具的成形角 α 的选取范围为 $30° \leqslant \alpha \leqslant 48°$。

3.1.2 展宽角

展宽角 β 是楔横轧模具设计两个最基本工艺参数之一。展宽角 β 对空心轧件的旋转条件、缩颈条件和椭圆度有影响，尤其是对椭圆度的影响最显著。

由多楔同步轧制空心列车轴件的旋转条件可知，展宽角 β 越大，旋转条件越差。展宽角 β 越大，螺旋状凹痕越易产生，而中间拉细整体缩颈越不易产生。展宽角 β 选取越大椭圆度值越大，且主楔展宽角比侧楔展宽角对空心件椭圆度影响大。同时展宽角 β 的选取也决定了轧辊直径，β 越大，轧辊直径越小，对节省模具材料、减小设备尺寸及重量有利。综合上述考虑，多楔同步轧-制空心件模具设计的最佳展宽角 β 选取范围为 $3° \leqslant \beta \leqslant 8°$。

3.1.3 断面收缩率

断面收缩率 ψ 是材料塑性指标之一，为轧件轧前面积 F_0 减去轧后面积 F_1 与轧前面积之比，其计算公式为

$$\psi = \frac{F_0 - F_1}{F_0} = \frac{(D^2 - d^2) - (d_1^2 - d^2)}{D^2 - d^2} \approx 1 - \left(\frac{d_1}{D}\right)^2 \qquad (3.1)$$

式中：D 为空心轧件轧前直径；d_1 为空心轧件轧后直径；d 为空心轧件的内径。

由于芯棒的存在，空心轧件的内径不收缩，空心轧件断面收缩率计算公式与实心轧件相同。空心列车轴的坯料尺寸给定后，每个轴段的断面收缩率通过式（3.1）计算。

3.2 楔横轧多楔模具重要参数的确定原则

楔横轧多楔模具的重要参数包括偏转角 θ、过渡角 γ 和内楔展宽长度 L_1 等。下面将分别阐述这些工艺参数对空心轧件的影响和计算公式。

3.2.1 偏转角

1. 偏转角算法

轧制过程中，楔形模具从轧件中部楔入，向外挤推材料使轧件端部发生轴向移动，其移动距离称为轧件的端面移动量。多楔轧制成形空心列车轴时，如果外楔避开由内楔引起的端面移动量过大，可能会引起拉料现象；如果外楔避开由内

楔引起的端面移动量过小，会在外楔处出现堵料，拉料和堵料都会严重影响列车轴质量。偏转角是多楔轧制时外楔为避开内楔引起的端面移动量而给外楔一个偏转角度，使其能够伴随内楔同时工作。因此，偏转角计算是实现多楔同步轧制空心列车轴的一个重要问题，在设计多楔模具时，必须弄清端面移动量变化规律，确定外楔偏转角，确保空心列车轴的成形质量。

为了使外楔能够顺利地伴随着内楔工作，外楔至少要满足内楔引起的体积转移要求，否则将引起多余的轧件材料堆积，轧不出所需的零件形状。因此，在如图 3.2 所示的二楔模具设计中，侧楔（2 楔）展宽角 β_2 的设计就需要考虑避开主楔（1 楔）展宽角 β_1 引起的轧件材料轴向流动[*]。

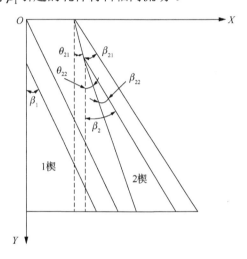

图 3.2　多楔同步轧制各楔偏转角之间的几何关系

空心列车轴的偏转角一般采用式（3.2）进行计算[1]，即

$$\theta = \arctan\left(\frac{t}{\tau}\right) \tag{3.2}$$

式中：θ 为偏转角；τ 为轧件沿模具辊面走过的距离；t 为轧件的端部移动量。

2. 二楔同步轧制空心列车轴偏转角的算法

本节在研究多楔同步轧制过程中的轧件体积转移是从纯几何角度进行分析的，忽略了空心轧件的横向变形和弹性变形，并对文献[2]中的推导过程做了一定的简化，只从楔入段和展宽段进行研究，即将展宽开始至轧件走过 0.5 圈的这一过渡段归入展宽段。这样可以简化公式计算，还可以方便模具加工，而且从本书的计算结果来看是可行的。

文献[3]根据体积不变原则，在计算楔入段模具排开的体积时使用三菱柱模

---

* 本书中，主楔即为 1 楔，侧楔即为 2 楔。下同。

型，研究了多楔同步轧制成形实心列车轴偏转角的计算方法，如图 3.3 所示。本节在此基础上进行修正，采用三菱锥模型计算模具排开的体积，更符合实际情况，理论推导得到了二楔轧制空心列车轴的偏转角计算公式。

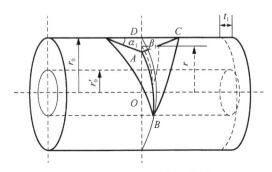

（a）楔入段已变形区体积示意图

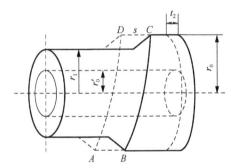

（b）展宽段已变形区体积示意图

图 3.3　轧件变形区体积示意图

由图 3.3 可知，在楔入段，由于空车车轴轧件坯料半径较大，而长轴段断面收缩率较小，经计算，坯料旋转不到半周即完成模具的楔入过程。因此，上、下两个模具压出的变形区没有重叠。楔入过程由模具排开的体积 V_{ABCD1} 为

$$V_{ABCD1} = \int_0^\tau \frac{1}{2} \tau \tan\beta_1 \tau \tan\alpha_1 \tan\beta_1 \mathrm{d}\tau = \frac{1}{6} \tau^3 \tan\alpha_1 \tan^2\beta_1 \tag{3.3}$$

式中：α_1 和 β_1 是 1 楔的成形角和展宽角。

轧件端部伸长的体积为

$$V_{t1} = \pi(r_0^2 - r_0'^2)t_1 \tag{3.4}$$

式中：r_0 和 r_0' 是轧件原始外径和原始内径；l_1 为轧件在楔入段的断面移动量。

根据体积不变原则，两倍的已变形区 V_{ABCD1} 应等于轧件端部伸长的体积 V_{t1}，即

$$2V_{ABCD1} = V_{t1} \tag{3.5}$$

将式（3.3）、式（3.4）代入式（3.5）中，整理得到轧件在楔入段的端面移动量 t_1 计算公式为

$$t_1 = \frac{\tau^3 \tan \alpha_1 \tan^2 \beta_1}{3\pi(r_0^2 - r_0'^2)} \tag{3.6}$$

在展宽段，如图 3.3（b）所示，展宽过程由模具排开的体积和轧件端部伸长的体积分别为

$$V_{ABCD2} = \int_{r_1}^{r_0} 2\pi r \cdot s dr = \pi(r_0^2 - r_1^2)s \tag{3.7}$$

$$V_{t2} = \pi(r_0^2 - r_0'^2)t_2 \tag{3.8}$$

式中：s 为展宽宽度；r_1 为轧件成形后的外径；l_2 为轧件在展宽段的端面移动量。

根据体积不变原则，已变形区 V_{ABCD2} 的体积应等于轧件端部伸长的体积 V_{t2}，即

$$V_{ABCD2} = V_{t2} \tag{3.9}$$

将式（3.7）和式（3.8）代入式（3.9）中，整理得到轧件在展宽段的端面移动量计算公式：

$$t_2 = \frac{r_0^2 - r_1^2}{r_0^2 - r_0'^2} s \tag{3.10}$$

将式（3.6）和式（3.10）分别代入式（3.2）中，得到二楔同步轧制成形空心列车轴的偏转角计算公式为

$$\tan \theta_2 = \begin{cases} \dfrac{\tau^2 \tan \alpha_1 \tan^2 \beta_1}{3\pi(r_0^2 - r_0'^2)} & \text{（1楔楔入）} \\[4mm] \dfrac{r_0^2 - r_1^2}{r_0^2 - r_0'^2} \tan \beta_1 & \text{（1楔展宽）} \end{cases} \tag{3.11}$$

将式（3.11）与文献[4]中实心车轴的偏转角公式进行比较发现，空心件的偏转角计算并不能利用实心件偏转角计算公式根据体积不变原理减去空心件孔体积进行简单体积代换得到，而是需要进行重新计算。

楔横轧多楔同步轧制成形过程中有多对楔同时对轧件进行径向压下、轴向延伸，楔与楔之间相互影响又相互制约。以三楔同步轧制成形空心列车轴为例，为避免堆料等问题，应该计算出 3 楔为避开前二楔引起的轧件体积转移。由 1 楔引起的轧件体积转移与二楔同步轧制相同，而 2 楔引起的轧件体积转移受到 1 楔影响，并不能简单地认为 2 楔引起的轧件体积转移全部由 2 楔本身产生。

为证明上述论断，本节以轧制 RD2 空心列车轴等直径段为例进行了二楔同步轧制的有限元模拟求证。模具和轧件的参数为：坯料外径 198mm，内径 70mm，带芯棒轧制，成形后外径 170mm，1 楔展宽角 5.3°，成形角 32°，等直径段长

度 1 300mm，模具辊径 1 400mm。

2 楔楔入时 P_1 点的移动示意图如图 3.4 所示。如图 3.4（a）所示，选取轧件表面与 2 楔楔尖接触的 P_1 点，追踪 P_1 点至 1 楔与 2 楔之间的衔接段之前，如图 3.4（b）所示。此时，模具辊面走过距离为 2 850mm，P_1 点轴向移动了 66.20mm，测量得到 2 楔在该时刻的实际展宽量为 260.57mm。根据上述二楔偏转角计算式（3.11），该时刻理论展宽量为 324.72mm，P_1 点理论轴向移动距离为 68.60mm，这与仿真试验结果相近。故 2 楔实际展宽量近似为理论展开量减去 2 楔偏转角躲过的轴向移动距离 66.20mm。这说明理论展宽角所对应的展宽量与实际展宽量并不对应。

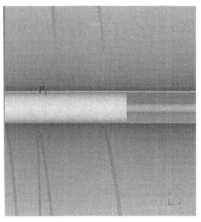 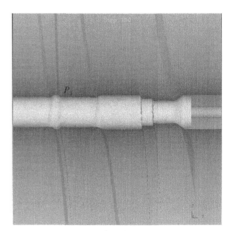

　　　　（a）轧制起始位置　　　　　　　　　　　　　（b）展宽后点的位置

图 3.4　2 楔楔入时 P_1 点的移动示意图

展宽角的定义是，轧制时变形区出口的轧件宽度与模具走过的距离所形成的正切角。模拟试验显示，在 2 楔的楔入段和展宽段，模具实际楔入宽度及展宽宽度要小于理论计算值，本节认为这是由于 2 楔在轧制过程中的部分展宽宽度要避开 1 楔引起的轧件轴向流动造成的，避开的速率是由 1 楔引起的轧件轴向移动速率所决定。本节将模具 2 楔的理论展宽量对应的展宽角定义为理论展宽角 β_2，而 2 楔实际展宽量对应的展宽角定义为实际展宽角 β_2'，为便于识别，将 2 楔楔入段实际展宽角定义为 β_{21}'，将 2 楔展宽段实际展宽角定义为 β_{22}'。

通过上述有限元模拟可以发现，2 楔实际展宽量要小于理论展宽量，该差值等于 2 楔偏转角躲过的端面移动距离，因此有必要建立 2 楔的名义展宽角 β_2 和实际展宽角 β_{2j}' $(j=1,2)$ 的关系式。

由图 3.2 的几何关系可知：

在楔入段

$$\tan \beta_{21}' = \tan \beta_2 - \tan \theta_{21} \tag{3.12}$$

在展宽段

$$\tan \beta'_{22} = \tan \beta_2 - \tan \theta_{22} \tag{3.13}$$

式中：θ_{21} 是 2 楔由 1 楔楔入过程导致的偏转角；θ_{22} 是 2 楔由 1 楔展宽过程导致的偏转角。

3. 三楔同步轧制空心列车轴偏转角的计算

空心列车轴是特大型长轴类零件，模具辊径长度制约了楔横轧技术的应用。二楔同步轧制在一定程度上能够减小辊径，但有时效果仍不够明显，所以在二楔同步轧制的基础上，对三楔同步轧制的偏转角计算进行了进一步的研究。

如前节所述，由于在多楔同步轧制空心列车轴时，展宽角取值较小，偏转角的取值比展宽角更小，在楔入段 $\beta'_{21} \approx \beta_2 - \theta_{21}$，在展宽段 $\beta'_{22} \approx \beta_2 - \theta_{22}$，这种近似的误差不超过 0.8%。所以三楔的偏转角公式可以结合二楔偏转角的计算式（3.11），由 1 楔和 2 楔引起的实际端面移动量几何相加即可：

$$\tan \theta_3 = \begin{cases} \dfrac{\tau^2 \tan \alpha_1 \tan^2 \beta_1}{3\pi(r_0^2 - r_0'^2)} + \dfrac{\tau^2 \tan \alpha_2 \tan^2 \beta'_{21}}{3\pi(r_0^2 - r_0'^2)} & \text{（1楔和2楔都为楔入）} \\[4mm] \dfrac{\tau^2 \tan \alpha_1 \tan^2 \beta_1}{3\pi(r_0^2 - r_0'^2)} + \dfrac{r_0^2 - r_1^2}{r_0^2 - r_1'^2} \tan \beta'_{21} & \text{（1楔楔入,2楔展宽）} \\[4mm] \dfrac{r_0^2 - r_1^2}{r_0^2 - r_1'^2} \tan \beta_1 + \dfrac{\tau^2 \tan \alpha_2 \tan^2 \beta'_{22}}{3\pi(r_0^2 - r_0'^2)} & \text{（1楔展宽,2楔楔入）} \\[4mm] \dfrac{r_0^2 - r_1^2}{r_0^2 - r_1'^2} \tan \beta_1 + \dfrac{r_0^2 - r_1^2}{r_0^2 - r_1'^2} \tan \beta'_{22} & \text{（1楔展宽,2楔展宽）} \end{cases} \tag{3.14}$$

式（3.14）中第 2 式和式（3.14）中第 3 式两种情况取其一，根据具体情况选取。式（3.11）和式（3.14）是一般计算公式，考虑了诸多情况，因此可以适用于任何二楔及三楔同步轧制空心列车轴的偏转角计算。

4. 偏转角算法有限元验证

为了验证上述偏转角计算公式的正确性，本节对二楔及三楔轧制空心列车轴等直径段做了有限元仿真验证。本节使用 DEFORM-3D 有限元塑性成形软件，采用三维刚塑性有限元仿真技术，研究二楔及三楔同步轧制空心列车轴等直径段的端面移动量变化规律[5]。二楔模具辊径为 1 600mm，三楔模具辊径设定为 1 400mm。轧件材料为 45 号钢，其泊松比为 0.3，杨氏模量为 210GPa，有限元模型建模及参考点位置如图 3.5 所示，有限元仿真在 950℃条件下进行。

取轧件端部 16 个点，这些点由内向外形成 4 个同心圆，半径分别为 35mm、55mm、75mm 和 95mm，对每个同心圆上 4 个点的端面移动量取平均值表示各个直径圆的端面移动量，如图 3.5（b）所示。

二楔轧制过程的轴向移动量如图 3.6 所示，反映了轧制过程中距轴心不同环点的平均轴向移动量（不包括精整段）。从图中可以看出，轧件端面移动量大致可分为三个阶段：第一阶段是楔入段，该阶段轧件端面移动量很小，几乎为零，但此时变化率改变很快，该段轧件的端面移动量随模具展宽长度的增加呈三次曲线变化；第二阶段是展宽段初始阶段，该段轧件端面移动量随模具展宽长度的增加而增加，但是变化率开始基本稳定；第三阶段是正常展宽段，轧件端面移动量基本呈线性变化。从截面上不同直径圆的端面移动量结果的比较来看，外圈轧件轴向移动比内圈轧件稍快，但是幅度很小，对轧制过程的影响较小。三楔同步轧制成形的轴向移动量计算结果如图 3.7 所示，大致与二楔相同。

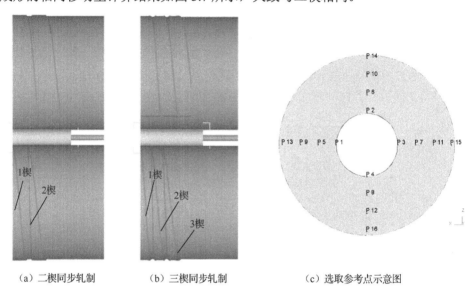

（a）二楔同步轧制　　（b）三楔同步轧制　　（c）选取参考点示意图

图 3.5　有限元模型建模及参考点位置

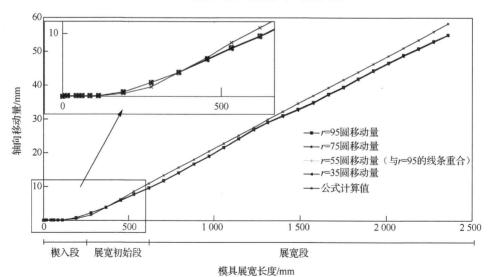

图 3.6　二楔轧制轴向移动量模拟

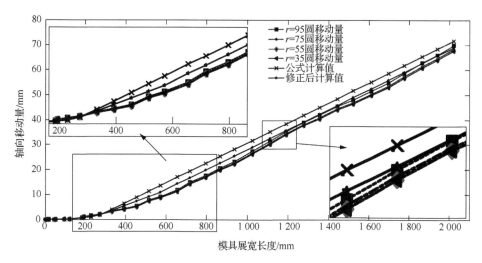

图 3.7 三楔同步轧制成形的轴向移动量计算结果

从图 3.7 中可以看出，仿真试验结果和偏转角公式计算结果的端面移动量整体趋势基本一致，说明理论计算结果是可靠的，可以作为多楔同步轧制成形空心列车轴外楔偏转角选取的依据，同时也看到仿真结果和计算结果存在一定的误差，产生误差的原因有：①轧制过程中，轧件发生横向变形，本节在推导公式时忽略轧件的横向变形，尤其在模具楔入开始的时候，轧件发生较大的横向变形，但在该阶段引起的轧件端面移动量很小，其影响不大。②计算时忽略了楔入段和展宽段之间的过渡段，将该段归入了展宽段，图 3.7 中模具展宽长度在 250~500mm，这是引起计算值和仿真结果误差的主要原因，由于三楔轧制时有两个过渡段，该误差更加明显。所以，实际生产中非常有必要减小过渡段引起的误差，但过渡段偏转角计算非常复杂，在实际中可以做简化处理，取楔入段结束时的偏转角和展宽段偏转角的中间值作为过渡段的偏转角，即

$$\theta_{修正} = \frac{\theta_{21} + \theta_{22}}{2} \tag{3.15}$$

使用修正后的偏转角作为工艺参数，设计模具并进行有限元模拟验证。可以看到，模型修正后的端面移动量计算值比未修正模型的端面移动量计算值更接近仿真结果，如图 3.7 所示。

3.2.2 过渡角

过渡角 γ 是指 1 楔轧制段逐步向 2 楔轧制段过渡的斜锥面角度，斜锥面是由 2 楔在楔入过程中切出来的。过渡角 γ 是多楔模具设计的一个重要参数，它是影响轧件过渡段质量好坏的一个重要因素，如果 γ 角选取过大，则 2 楔切出一个坡面较陡的衔接面，当 1 楔进入衔接面时，有可能推倒衔接坡面，造成折皮或叠皮现象；如果 γ 角选取过小，则 2 楔切除一个较为平缓的衔接坡面，当 1 楔进去衔

接面时，该面受到的轴向力较小，坡面金属不容易被模具挤出而造成轧件衔接处横向变形加大，增大了空心件的椭圆度，影响轧件质量。过渡角的选取如表 3.1 所示[6]。

表 3.1　断面收缩率与过渡角的关系

断面收缩率 ψ /%	>75	75~65	65~45	45~40
过渡角 γ / (°)	25~35	35~40	40~45	45~50

3.2.3　各楔轧制长度分配

多楔轧制等直径段时，合理分配主楔和侧楔的轧制任务，不仅能使模具的辊幅尽可能短，还能保证过渡金属段光滑衔接。楔横轧模具设计的基本要求之一是模具辊幅 L_B 要尽可能短，同时侧楔的起点应在主楔完成衔接任务后开始。根据上述几何关系，可绘制出主楔和侧楔的位置关系，如图 3.8 所示（模具对称设计，所以画了模具的一半）。

1. 侧楔相对于主楔的起始位置 L_0

图 3.8 中 L_B 计算公式为

$$L_B = \frac{L_1 + L_y}{\tan\beta_1} + 0.6\pi D \tag{3.16}$$

式中：L_y 为延伸轧制长度，通常取 20~50mm；L_1 为主楔的展宽长度，通常取

$$L_1 = \frac{D^2 - d^2}{d_1^2 - d^2} L_0 \, 。$$

L_{B1} 计算公式为

$$L_{B1} = \frac{l_1 - L_0}{\tan\beta_2} + 0.6\pi D \tag{3.17}$$

式中：L_0 为侧楔相对主楔的起始位置。

根据多楔模具设计的基本要求，模具的辊幅尽可能短，即

$$L_B = L_{B1} \tag{3.18}$$

分别将式（3.16）和式（3.17）代入式（3.18），经化简后得

$$L_0 = \frac{l_1 \cdot \dfrac{\tan\beta_1}{\tan\beta_2} - L_y}{\dfrac{D^2 - d^2}{d_1^2 - d^2} + \dfrac{\tan\beta_1}{\tan\beta_2}} \tag{3.19}$$

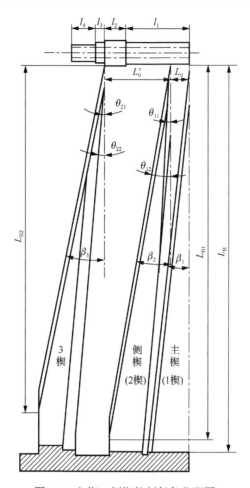

图 3.8　主楔、侧楔轧制任务分配图

2. 3 楔相对于侧楔的起始位置 L_0^1

图 3.8 中 L_{B2} 计算公式为

$$L_{B2} = \frac{l_1 + l_2 + l_3 + l_4 - L_0 - L_0'}{\tan \beta_3} + 0.6\pi D \tag{3.20}$$

令 $L_B = L_{B1} = L_{B2}$，得

$$L_0^1 = l_1 + l_2 + l_3 + l_4 - L_0 \frac{\tan \beta_3}{\tan \beta_2}(l_1 - L_0) \tag{3.21}$$

式中：l_1、l_2、l_3、l_4 为空心列车轴的轴向尺寸；β_3 为 3 楔的展宽角。

由式（3.19）和式（3.21）可知，当模具工艺参数 β_1、β_2 和 β_3 根据实际轧制工艺情况选定后，则各楔的起楔位置就可以确定。

3. 主楔展宽长度 L_1

多楔轧制等直径段时，主楔和侧楔之间的金属材料在内楔的径向压下，会向轴向流动，然而侧楔会阻碍金属材料的轴向流动，因此主楔的展宽长度与理论计算值有差别。如果按常规设计，则轧制任务结束后，主楔和侧楔之间会留有未轧制的金属材料。主楔要求展宽量应大于理论展宽量，则主楔的展宽长度 L_1 按下式计算：

$$L_1 = \frac{D^2 - d^2}{d_1^2 - d^2} L_0 \qquad (3.22)$$

由于侧楔的摩擦力作用，未轧净的金属材料流经侧楔时，侧楔阻碍了部分金属材料向轴端流动，即过渡金属段出现轧不平现象。为了使主楔完全轧制完残留在主楔和侧楔之间的金属材料，就应该使主楔的实际展宽量大于公式计算的理论值。经过有限元模拟和试验得出，为了完全轧平过渡段，使等直径段光滑过渡，在模具设计时主楔的展宽长度 L_1 通常在理论计算的基础上再加 20～50mm。

3.2.4 最外楔的布置方案

楔横轧多楔同步轧制成形空心列车轴是一个极其复杂的金属变形过程，楔与楔之间的布置位置和轧制顺序不同，都会影响轧件各个部位的变形均匀度，影响最后的成形质量。因为工件变形均匀有利于产生均匀的微观组织，可以提高工件的综合力学性能和使用寿命，所以许多成形技术都通过改变成形工艺以期获得均匀的组织变形。西北工业大学的杨艳慧等将有限元法（FEM）和响应面法（RSD）相结合，考虑锻件等效应变分布对变形均匀性的影响，建立新的评价方法去评价锻件的变形均匀性，提出了以提高锻件内变形均匀性为目标的预成形优化设计方法，以锻造航空发动机盘为例，取得良好的结果[7]。根据上述文献，本节将轧件的等效应变均匀性作为衡量轧件质量好坏的因素。

空心列车轴的失效可能发生在车轴的所有部位[8]，具体失效位置如图 3.9 所示，空心列车轴的轮座和轴身是列车运行中受荷载最复杂的部位，也是最容易发生损伤的部位，因此，这两个部位的力学性能尤为重要。根据多楔同步轧制技术的特点，影响轮座和轴身的变形均匀性可能有两个因素：①各楔的工艺参数不同；②最外楔的布置方式不同。本节讨论因素②对轧件质量的影响，因素①将放在第4章中进行详细研究。本节通过对因素②的研究，确定模具最外楔的布置方案。

根据多楔同步轧制的技术特点，本节设计了 3 种最外楔的布置方案：方案 1，外楔精整超前型，即最外楔完成精整段后，其余楔开始进入过渡段。该方案优点是能够合理利用辊幅，减小轧辊直径；缺点是最外楔的展宽角 β 选取比较大，最外楔的精整段比较长。方案 2，最外楔精整同步型，即最外楔和其余楔同时完成精整段。该方案优点是能够合理利用辊幅，减小轧辊直径。方案 3，外楔精整滞后型，即最外楔在其余楔完成精整段后再进入精整段。该方案优点最外楔精整时不受其余楔的影响；缺点是占用模具较长的辊幅。图 3.10 是 3 种最外楔布置的示意图。

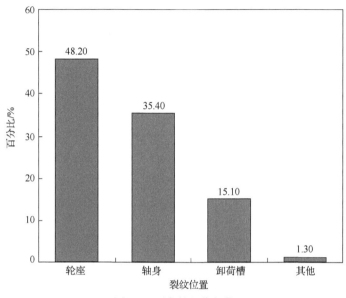

图 3.9　列车轴损伤部位

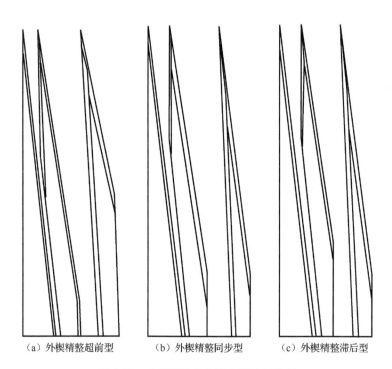

（a）外楔精整超前型　　　　　（b）外楔精整同步型　　　　　（c）外楔精整滞后型

图 3.10　多楔模具最外楔布置的示意图

根据上述 3 种方案，本节设计了一组对比仿真试验，外楔的布置方案通过外楔展宽角 β 反映出来，1 号试验是最外楔精整滞后型，2 号试验是最外楔精整同步型，3 号试验是最外楔精整超前型，具体工艺参数如表 3.2 所示。

表 3.2　多楔同步轧制模具工艺参数

试验序号	展宽角 β /(°)			成形角 α /(°)		断面收缩率 ψ /(°)		偏转角 θ_1 /(°)	偏转角 θ_2 /(°)	模具辊幅/mm
	1楔	2楔	3楔	1楔、2楔	3楔	1楔、2楔	3楔			
1	5	6.5	6.3	36	30	26	34/56	1.5	3.0	4 895
2	5	6.5	6.9	36	30	26	34/56	1.5	3.0	4 490
3	5	6.5	8.9	36	30	26	34/56	1.5	3.0	4 490

根据表 3.2 的模具参数，建立有限元模型，并进行仿真试验。空心列车轴仿真结果如图 3.11 所示，图中序号与试验序号相同。

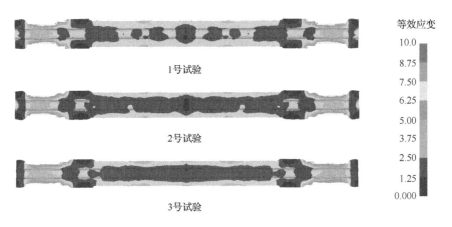

图 3.11　空心列车轴轴向内部等效应变分布

从图 3.11 中可以看出，相对轴颈位置，总体上轴身和轴肩的等效应变值比较小，成形质量比较好。3 个试验比较来看，1 号试验等效应变分布不均匀现象最明显，具体表现在轴身部位等效应变值差别较大，等效应变较小的区域分布零散，1 楔和 2 楔之间的过渡段处的等效应变在区域和数值上都相对较大，另外等效应变差在轴肩与轴颈内孔接壤处分布不均匀，轴颈内表面与外表面差值大，总体成形质量不如 2 号试验和 3 号试验。造成 1 号试验成形质量不好的主要原因是 1 号试验最外楔是在其余楔精整完成之后再开始进入精整段的，导致模具辊幅长，当长轴段精整完后轧件继续在轧辊的作用下走了约 400mm 的距离，轧件在这段距离受到无用应力，造成等效应变增大，分布不均匀。

2 号试验和 3 号试验相比较，2 号试验比 3 号试验等效应变分布要均匀些，3 号试验过渡段等效应变分布是 3 个试验中最差的，并且轴肩和轴身接壤处等效应变分布不均匀，轴颈处某小区域内等效应变值很大，成形质量没 2 号试验好。主要原因是 3 号试验最外楔在其余楔进入过渡段前就完成精整，因此其展宽角 β 很大，使得最外楔的轴向力 Z 比较大，轴身在其余楔还未进入精整段前一直受到来自外楔较大的轴向力作用，发生了较大的轴向变形。

根据 3 个试验的等效应变分布图定性分析可知，最外楔与其余楔同时完成精整段的方案是最好的，为了量化比较空心列车轴变形不均匀程度，本节通过 DEFORM-3D 后处理功能，读出轧制结束后轧件外表面、中间面和内表面上各点的等效应变，每隔 10mm 取一点，取点示意图如图 3.12 所示。

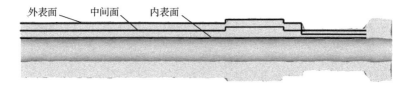

图 3.12 取点示意图

图 3.13 是轧制结束后的 3 种工况下，轧件各个面上等效应变的对比图。从图中可以看出，1 号试验外表面、中间面和内表面上等效应变的不均匀度是最大的，除了外表面轴颈处的最大等效应变比 3 号试验要小外，轴身和轮座部位的最大等效应变也是最大的。图 3.13（a）是轧件外表面上的等效应变图，三种工况下，轴身和轮座部分等效应变几乎一样，但是 2 号试验的等效应变波动幅度和最大值均是最小的，轴颈处成形质量 2 号试验最好。图 3.13（b）是轧件中间面上的等效应变，三种工况下，2 号试验轧件的等效应变波动幅度和最大值均是最小的，波幅为 5.83，最大值为 7.36，而 1 号试验的波幅为 7.09，最大值为 9.06，3 号试验的波幅为 6.02，最大值为 7.63，可以看出 1 号试验的不均匀性最差，3 号试验与 2 号试验较接近。图 3.13（c）是轧件内表面上的等效应变，可以看出，1 号试验的等效应变波动幅度和最大值都是最大的，2 号试验和 3 号试验较接近，但 2 号试验长轴段等效应变波动最小，均匀性最好。

通过上述分析，方案 1 即最外楔精整滞后型方案，其等效应变值最大，均匀性最差，而且模具辊幅加长，不宜采用。方案 2 与方案 3 相比，方案 2 在外表面轴颈处和内表面长轴段成形质量更好，所以最外楔布置方案采用方案 2 最外楔与其余楔同时完成精整是最理想的。

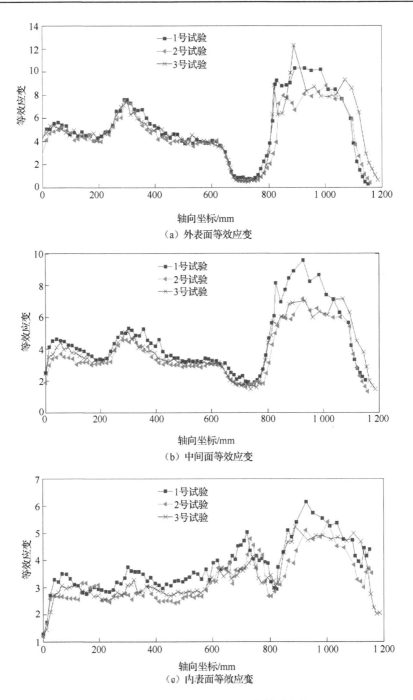

（a）外表面等效应变

（b）中间面等效应变

（o）内表面等效应变

图3.13 3种试验下不同面上的等效应变

3.3 空心列车轴楔横轧多楔轧制模具设计

3.3.1 模具对称设计

空心列车轴为完全对称轴件，模具设计时通常取模型的 1/2 进行计算。空心列车轴的零件图如图 3.14 所示。

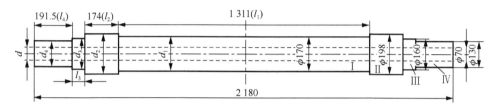

图 3.14 空心列车轴的零件图

空心列车轴的最大轴向尺寸为 1 311mm，最大径向尺寸为 198mm，内径为 70mm。其中 I 轴段的轴向尺寸较大，断面收缩率为 26.3%，属于长轴类小断面收缩率轧件，因此模具设计时，可选取单楔或多楔轧制该轴段；II 轴段的径向尺寸最大；由于III、IV轴段径向尺寸阶梯递减分布，为了节省辊面长度，模具设计通常将III、IV轴段同时轧制完成；IV轴段的壁厚最小为 30mm。

基于空心列车轴的结构尺寸特点，采用二楔和三楔两种方案进行模具设计，即长轴段采用单楔和二楔两种方法。

3.3.2 二楔轧制空心列车轴模具设计

1. 毛坯与坯料尺寸的确定

1）毛坯尺寸

根据空心列车轴的结构尺寸制定毛坯尺寸。根据目前楔横轧工艺达到的精度，毛坯的径向尺寸均在零件径向尺寸基础上增加 4mm；毛坯轴向尺寸为零件轴向最大直径处单侧增加 3mm；两侧需要切除料头，每端增加 20mm 切刀余量。

2）坯料直径与长度的确定

坯料的直径 D 等于毛坯最大直径 d_2，即

$$D = d_2 = 202\text{mm}$$

坯料的长度计算公式为

$$L_\text{p} = \frac{V}{F_0} + 2\Delta L = \frac{V_1 + 2(V_2 + V_3 + V_4)}{F_0} + 2\Delta L \tag{3.23}$$

式中：V 为毛坯总体积（mm³）；V_1、V_2、V_3、V_4 为图 3.14 所示 I、II、III、IV 轴段体积（mm³）；F_0 为坯料横截面积（mm²）；ΔL 为单侧料头长度，$\Delta L = 30$mm。

将毛坯的尺寸参数代入式（3.23）得

$$L_p = \frac{(d_1^2 - d^2) \times l_1 + 2 \times [(d_2^2 - d^2) \times l_2 + (d_3^2 - d^2) \times l_3 + (d_4^2 - d^2) \times l_4]}{D^2 - d^2} + 2\Delta L$$

$$= \frac{(174^2 - 70^2) \times 1\,311 + 2 \times [(202^2 - 70^2) \times 178 + (164^2 - 70^2) \times 69 + (134^2 - 70^2) \times 191.5]}{202^2 - 70^2}$$

$$+ 2 \times 30 = 1\,446.4 (\text{mm})$$

式中：d 为空心列车轴的内径；d_1、d_2、d_3、d_4 为图 3.14 所示 I、II、III、IV 轴段径向直径（mm）；l_1、l_2、l_3、l_4 为图 3.14 所示 I、II、III、IV 轴段轴向长度（mm）。

圆整后，坯料直径 D 为 202mm，长度 L_p 为 1446.4mm。

2. 模具型腔设计

1）热态毛坯尺寸

热态毛坯尺寸等于冷态毛坯尺寸乘以热膨胀系数，即

$$d_m = d_n K_D \tag{3.24}$$

$$l_m = l_n K_L \tag{3.25}$$

式中：d_m 为热态毛坯 n 部位的直径（mm）；d_n 为冷态毛坯 n 部位的直径（mm）；K_D 为径向热膨胀系数，$K_D = 1.009 \sim 1.013$；l_m 为热态毛坯 n 部位的长度（mm）；l_n 为冷态毛坯 n 部位的长度（mm）；K_L 为轴向热膨胀系数，$K_L = 1.012 \sim 1.018$。

根据式（3.24）和式（3.25）可计算出毛坯各部分热态尺寸，如表 3.3 所示。

表 3.3 空心列车轴毛坯各部分热态尺寸

单位：mm

直径	冷态尺寸	热态尺寸	长度	冷态尺寸	热态尺寸
d_1	174	175.7	l_1	1311	1331
d_2	202	204.0	l_2	178	180.7
d_3	164	165.6	l_3	69	70.04
d_4	134	135.3	l_4	191.5	194.4

2）模具精整区型腔尺寸

图 3.15 为空心列车轴热态毛坯图，模具精整区型腔尺寸由热态毛坯尺寸确定。轴向尺寸与热态毛坯尺寸一致。径向尺寸为热态毛坯最大直径处增加 1mm 深度，增加尺寸为基圆间隙，如图 3.16 所示。

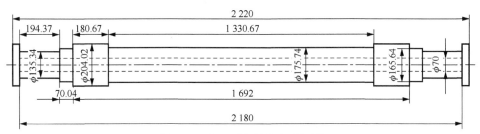

图 3.15　空心列车轴热态毛坯图

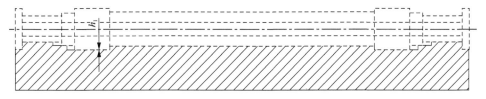

图 3.16　模具精整区型腔示意图

3. 模具孔型设计

1）计算断面收缩率 ψ 与初选 α、β

Ⅰ 轴段断面收缩率：

$$\psi_1 = \left(1 - \frac{d_1^2}{D^2}\right) \times 100\% = \left(1 - \frac{170^2}{198^2}\right) = 100\% = 26.3\%$$

Ⅲ 轴段断面收缩率：

$$\psi_3 = \left(1 - \frac{d_3^2}{D^2}\right) \times 100\% = \left(1 - \frac{160^2}{198^2}\right) = 100\% = 34.7\%$$

Ⅳ 轴段断面收缩率：

$$\psi_4 = \left(1 - \frac{d_4^2}{D^2}\right) \times 100\% = \left(1 - \frac{130^2}{198^2}\right) = 100\% = 56.9\%$$

根据计算结果采用单楔轧制 Ⅰ 轴段时，该轴段的断面收缩率较小，同时为保证空心轧件的椭圆度要求，故应选取较大的 α、β，因此 1 楔的成形角 α_1 选取 45°，展宽角 β_1 选取 8.5°；2 楔完成Ⅲ、Ⅳ轴段轧制任务，2 楔轧制Ⅳ轴段的断面收缩率较大，故应选取较小的 α、β，因此 2 楔的成形角 α_2 选取 42°，展宽角 β_2 选取 6°。

2）模具相关尺寸计算

楔顶高 h_1：

$$h_1 = \frac{D - d_1}{2} K_D + \delta = \frac{198 - 170}{2} \times 1.01 + 1 = 15.14(\text{mm})$$

楔入段长度 L_{B1}：

$$L_{B1} = h_1 \cot \alpha_1 \cot \beta_1 = 15.14 \times \cot 45° \times \cot 8.5° = 101.3(\text{mm})$$

展宽段长度 L_{B2} ：

$$L_{B2} = \frac{l_1}{2\tan\beta_1} = \frac{1\,311}{2\times\tan 8.5°} = 4\,386.1(\text{mm})$$

精整段长度 L_{B3} ：

$$L_{B3} = 0.5\pi D = 0.5\times 3.14\times 170 = 267(\text{mm})$$

Ⅲ轴段楔顶高 h_2 ：

$$h_2 = \frac{D-d_3}{2}K_D + \delta = \frac{198-160}{2}\times 1.01 + 1 = 20.19(\text{mm})$$

Ⅳ轴段楔顶高 h_3 ：

$$h_3 = \frac{D-d_4}{2}K_D + \delta = \frac{198-130}{2}\times 1.01 + 1 = 35.34(\text{mm})$$

楔入段偏转角 θ_{21} ：

$$\theta_{21} = \arctan\left[\frac{4\tau^2}{\pi(D^2-d^2)}\cdot\tan\alpha_1\tan^2\beta_1\right] = 0.488°$$

展宽段偏转角 θ_{22} ：

$$\theta_{22} = \arctan\left(\frac{D^2-d_1^2}{D^2-d^2}\tan\beta_1\right) = 2.57°$$

3）轧辊相关参数

模具展开长度 L_B ：

$$L_B = L_{B1} + L_{B2} + L_{B3} = 101.3 + 4\,386.1 + 267 = 4\,754.4(\text{mm})$$

轧辊计算半径 R ：

$$R = \frac{L_B}{2\pi} = \frac{4\,754.4}{2\times 3.14} = 757(\text{mm})$$

考虑轧件的下料及摆料段，轧辊半径应大于计算半径，同时根据现有轧机型号，轧辊的半径应取值为 800mm。

4. 二楔轧制空心列车轴模具展开图

根据多楔模具的设计原则及计算尺寸，便可设计出二楔轧制空心列车轴的模具图，其展开图如图 3.17 所示。

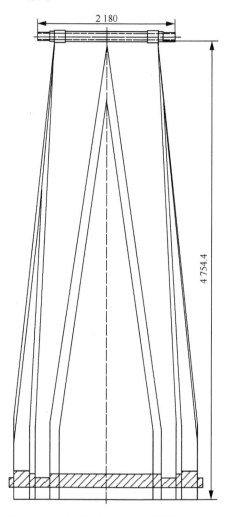

图 3.17　二楔轧制空心列车轴模具展开图

3.3.3　三楔轧制空心列车轴模具设计

1. 坯料尺寸及模具型腔设计

三楔轧制空心列车轴时，关于坯料的尺寸参数及模具型腔的设计与二楔轧制时完全相同，具体的计算过程可参考二楔轧制空心列车轴。

2. 模具孔型设计

1) 计算断面收缩率与初选 α、β

Ⅰ轴段断面收缩率:

$$\psi_1 = \left(1 - \frac{d_1^2}{D^2}\right) \times 100\% = \left(1 - \frac{170^2}{198^2}\right) \times 100\% = 26.3\%$$

Ⅲ轴段断面收缩率:

$$\psi_3 = \left(1 - \frac{d_3^2}{D^2}\right) \times 100\% = \left(1 - \frac{160^2}{198^2}\right) \times 100\% = 34.7\%$$

Ⅳ轴段断面收缩率:

$$\psi_4 = \left(1 - \frac{d_4^2}{D^2}\right) \times 100\% = \left(1 - \frac{130^2}{198^2}\right) \times 100\% = 56.9\%$$

根据计算结果采用 2 楔轧制Ⅰ轴段时,该轴段的断面收缩率较小,为保证空心轧件的椭圆度要求,应选择较大的成形角 α,较小的展宽角 β,因此主、侧楔的成形角 $\alpha_{1,2}$ 选取 45°,展宽角 β_1 选取 5°;3 楔完成Ⅲ、Ⅳ轴段轧制任务,3 楔轧制Ⅳ轴段的断面收缩率较大,应选取较小的 α,因此 3 楔的成形角 α_3 选取 42°。β_2、β_3 根据空心列车轴的结构尺寸,则都选择 6.5°。

2) 主楔相关参数

楔顶高:

$$h_1 = \frac{D - d_1}{2} K_D + \delta = \frac{198 - 170}{2} \times 1.01 + 1 = 15.14 (\text{mm})$$

楔入段长度:

$$L_{B1} = h_1 \cot \alpha_1 \cot \beta_1 = 15.14 \times \cot 45° \times \cot 5° = 171.5 (\text{mm})$$

侧楔起楔位置:

$$L_0 = \frac{L \cdot \dfrac{\tan \beta_1}{\tan \beta_2} - (20 \sim 50)}{\dfrac{D^2 - d^2}{d_1^2 - d^2} + \dfrac{\tan \beta_1}{\tan \beta_2}} = \frac{665.5 \times \dfrac{\tan 5°}{\tan 6.5°} - 30}{\dfrac{198^2 - 70^2}{170^2 - 70^2} + \dfrac{\tan 5°}{\tan 6.5°}} = 218.9 (\text{mm})$$

主楔展宽长度:

$$L_1 = \frac{D^2 - d^2}{d_1^2 - d^2} L_0 = \frac{198^2 - 70^2}{170^2 - 70^2} \times 218.9 = 312.9 (\text{mm})$$

3) 侧楔相关参数

楔入段偏转角:

$$\theta_{21} = \arctan \left[\frac{4\tau^2}{\pi(D^2 - d^2)} \tan \alpha_1 \tan^2 \beta_1 \right] = 0.488(°)$$

展宽段偏转角：

$$\theta_{22} = \arctan\left(\frac{D^2 - d_1^2}{D^2 - d^2}\tan\beta_1\right) = 1.51(°)$$

楔入段长度：

$$L_{B1} = \frac{h(\cot\alpha_2 + \cot\lambda)}{\tan\beta_2 - \tan\theta_{11}} = \frac{15.14 \times (\cot 45° + \cot 42°)}{\tan 5° - \tan 0.488°} = 404.6(\text{mm})$$

4）3楔相关参数

Ⅲ轴段楔顶高：

$$h_2 = \frac{D - d_3}{2}K_D + \delta = \frac{198 - 160}{2} \times 1.01 + 1 = 20.19(\text{mm})$$

Ⅳ轴段楔顶高：

$$h_3 = \frac{D - d_4}{2}K_D + \delta = \frac{198 - 130}{2} \times 1.01 + 1 = 35.34(\text{mm})$$

楔入段偏转角：

$$\theta_{21} = \arctan\frac{4\tau^2}{\pi(D^2 - d^2)}\left[\tan\alpha_1\tan^2\beta_1 + \tan\alpha_2(\tan\beta_2 - \frac{D^2 - d_1^2}{D^2 - d^2}\tan\beta_1)^2\right]$$

$$= 0.977(°)$$

展宽段偏转角：

$$\theta = \arctan\left[\frac{D^2 - d_1^2}{D^2 - d^2}\tan\beta_1 + \frac{D^2 - d_2^2}{D^2 - d^2}(\tan\beta_2 - \frac{D^2 - d_1^2}{D^2 - d^2}\tan\beta_1)\right]$$

$$= 3.011(°)$$

相对侧楔起始位置：

$$L_0^1 = l_1 + l_2 + l_3 + l_4 - L_0 - \frac{\tan\beta_3}{\tan\beta_2}(l_1 - L_0) = 434.5(\text{mm})$$

5）轧辊相关参数

模具展开长度：

$$L_B = \frac{L - L_0}{\tan\beta_2} + 0.5\pi d_1 = \frac{665.5 - 218.9}{\tan 6.5°} + 0.5 \times 3.14 \times 170 = 4\,186.7(\text{mm})$$

轧辊计算半径：

$$R = \frac{L_B}{2\pi} = \frac{4\,186.7}{2 \times 3.14} = 667(\text{mm})$$

轧辊实际半径选择时，应考虑轧件的下料及摆料段，同时根据现有轧机型号，轧辊的半径应取值700mm。

3. 三楔轧制空心列车轴模具展开图

根据多楔模具的设计原则及计算尺寸，便可设计出三楔轧制空心列车轴的模具图，其展开图如图 3.18 所示。

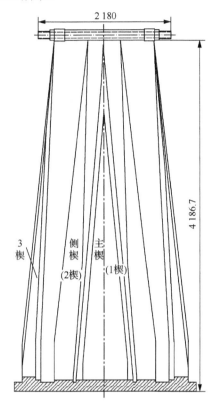

图 3.18　三楔轧制空心列车轴模具展开图

3.4　本　章　小　结

　　本章对多楔轧制空心列车轴模具设计进行了研究，得到模具的基本工艺参数和多楔重要工艺参数的计算公式和选取原则，推导了多楔同步轧制空心轴的偏转角计算公式，并进行了仿真验证，设计了多种楔与楔之间的布置方案，阐明各方案的优劣，得到的主要结论如下。

　　（1）获得了多楔轧制空心列车轴模具设计参数的确定原则和计算公式。

　　（2）三对楔同时楔入且同时完成轧制的方案是最优，最节省模具辊面，且最外楔精整同步型轧制成形质量最好。

　　（3）针对空心列车轴，分别设计了二楔、三楔两种方案轧制空心列车轴，得到了二楔、三楔轧制空心列车轴的模具展开图。

参 考 文 献

[1] 束学道. 楔横轧多楔同步轧制理论与应用[M]. 北京：科学出版社，2011.

[2] 李继光. 高速铁路用空心车轴径向锻造工艺的模拟研究[D]. 太原：太原科技大学，2007.

[3] 李传民，束学道，胡正寰. 辊径比对楔横轧大小轴中心破坏的影响分析[C]//中国机械工程学会. 中国机械工程学会年会文集，北京：2008：458-461.

[4] 李传民. 楔横轧多楔轧制铁道车轴理论与试验研究[D]. 北京：北京科技大学，2008.

[5] 黄海波，张挺，束学道. 楔横轧多楔轧制大型空心车轴的偏转角算法[J]. 系统仿真学报，2014, 26（4）:774-779.

[6] 赵静. 楔横轧多楔成形长轴类零件关键技术研究[D]. 北京：北京科技大学，2006.

[7] YANG Y H，LIU D，HE Z Y，et al. Optimization of preform shapes by RSM and FEM to improve deformation homogeneity in aerospace forgings[J]. Chinese Journal of Aeronautics，2010（23）：260-267.

[8] 铁道部运输局. 铁道科学研究院金属及化学研究所. 铁路货车轮轴典型伤损图册[M]. 北京：中国铁道出版社，2006.

4 空心列车轴楔横轧多楔同步轧制成形机理

空心列车轴楔横轧多楔同步轧制,是三对楔同时对轧件进行径向压缩和轴向延伸的过程,轧件上的金属流动受到多组楔的相互作用,应力-应变情况非常复杂。本章利用 DEFORM-3D 有限元软件对空心列车轴楔横轧多楔同步成形进行有限元仿真,通过对成形过程中应力场、应变场,特征点应力-应变的变化以及工艺参数对其影响,阐明楔横轧多楔同步轧制成形空心列车轴成形机理,为提高成形质量合理确定多楔轧制工艺参数提供理论依据[1-8]。

4.1 空心列车轴多楔轧制有限元模型的建立

楔横轧多楔同步轧制成形空心列车轴类件时,空心轧件的变形属于三维变形,其变形区为三维立体空间,变形机理十分复杂。在轧制过程中,三组楔同时楔入轧件使其发生径向压缩和轴向延伸,轧件的金属流动受到内外楔的同时作用,应力-应变情况十分复杂[1-2,5-6]。本章将利用大型有限元计算仿真软件 DEFORM-3D 对多楔轧制过程进行仿真,用有限元软件的强大后处理功能来阐述空心轧件应力-应变信息,为此,需做如下假设与设置[3-4,7-8]。

(1)将轧件视为塑性体和模具视为弹性体,整个轧制过程都是在 900~1 200℃下进行的,轧件的弹性变形量基本在 0.2%以下,而塑性变形量则高达 75%以上,所以可以忽略轧件的弹性形变。模具相对轧件来说,其塑性和弹性形变较小,基本可以忽略不计,所以在轧制过程作为刚体。

(2)导板和芯棒设置。保证在轧制过程中,使轧件位于轧制中心线上,在两侧添加使用导板,根据多楔楔横轧实际的轧制工况,来限定了 x、y、z 方向的位移约束并对 x、y 添加旋转约束。由于空心轧件在轧制过程中容易被压扁,应在轧件内部添加芯棒。同时,导板和芯棒弹性形变较小,可视作刚体。

(3)网格和步长设置。轧件网格数为 60 000,采用四面体网格划分,同时,对轧件进行体积补偿设置,在 DEFORM 软件进行重划分后,可以避免体积的损失。模拟步长设置为每步 0.01s,如果步长设置过大后导致在单位时间内轧件变形过大,网格畸变严重,导致模拟精度降低。

(4)摩擦系数设置。楔横轧在轧制过程中,轧辊和轧件属于金属摩擦,而且轧辊施加的压力过大,导致轧件与轧辊在局部有焊合、机械咬合现象发生,为了增大摩擦力,在楔横轧工艺中常在成形面上打成排成列的小孔。因此,在有限元软件中采用剪切摩擦模型表示此种情况，将模具与轧件间摩擦系数设为 2，并忽略导板与轧件的摩擦。

（5）模具转速设置。一般将模具进行主楔脱空处理，轧辊转速一般设置为 0.87rad/s。

传热系数设置。有限元模拟过程，考虑轧件温度变化对晶粒尺寸的影响，必须设置轧件与轧辊、芯棒及导板间的热传导和热对流。为简化其变化形式，提高计算速度，通常选取固定的传热系数来表示。

基于上述基础上，确定空心列车轴多楔轧制参数如表 4.1 所示，楔横轧多楔轧制空心列车轴的有限元模型如图 4.1 所示，在 Pro/E 软件中建立模具的三维模型，将三维模型转成.igs 格式后再导入 DEFORM-3D 软件，轧件外径为 202mm、内径为 60mm，划分网格后，轧件的单元数为 80 000 个，因为在有限元模拟过程中不但存在材料非线性、几何非线性，而且边界条件也是非线性的，所以根据空心车轴结构尺寸特点及楔横轧变形的特点，可采用对称处理。

表 4.1　空心列车轴多楔轧制参数

展宽角 β /（°）			成形角 α /（°）			断面收缩率/%			转角 θ_1 /（°）	转角 θ_2 /（°）
1 楔	2 楔	3 楔	1 楔	2 楔	3 楔	1 楔	2 楔	3 楔	2 楔	3 楔
5	6.5	6.5	45		45	22		29 56	1	2

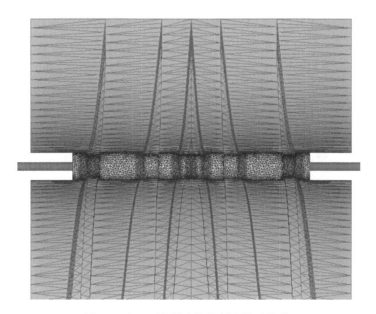

图 4.1　空心列车轴多楔轧制有限元模型

4.2 空心列车轴多楔同步轧制的成形过程

楔横轧多楔同步轧制空心列车轴的成形过程分为 9 个典型阶段：①1 楔，2 楔，3 楔同步楔入；②1 楔展宽，2 楔、3 楔楔入；③1 楔、2 楔展宽，3 楔楔入；④三个楔同时展宽；⑤1 楔、2 楔展宽，3 楔楔入轴Ⅳ段；⑥1 楔、2 楔展宽，3 楔展宽轴Ⅳ段；⑦1 楔轧制衔接段，2 楔、3 楔展宽；⑧三个楔共同精整段；⑨轧制完成。随着轧制的进行，轧件沿轴向逐渐伸长，径向逐渐被压缩，长轴段同时有两对楔作用，共同完成长轴段的轧制任务，最终轧制成形空心车轴（图 4.2）。

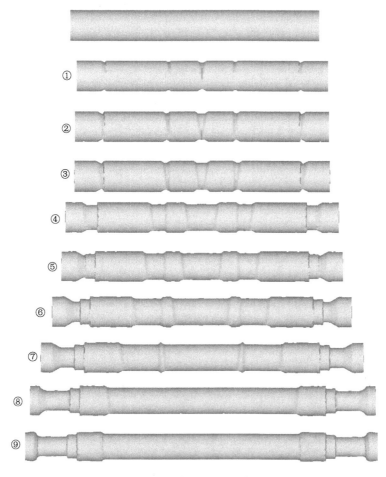

图 4.2　空心列车轴楔横轧多楔同步轧制成形过程

4.3　空心列车轴多楔同步轧制的应变场

楔横轧多楔同步轧制成形空心列车轴时，轧件上的金属流动受到内外楔同时相互作用，应力-应变情况相当复杂。本节对以上阶段轧件应力-应变场展开分析。为了方便解释分析，纵向截面定义为沿轧件长度方向并通过上下轧辊中心和轧件轴线的截面，而横截面为通过衔接段轴向中间位置并垂直于轧件轴线的截面。

4.3.1　楔入段时应变特点

1. 三个楔同步楔入段纵截面上的应变分析

图 4.3 为三个楔同步楔入时纵截面上的应变分布图。从图 4.3 中可知，由于多楔模具的各个楔刚处于楔入状态，轧件的大部分基本没有出现变形，应变值为零，轧件发生的变形仅仅出现在轧件与模具型腔的接触面上。

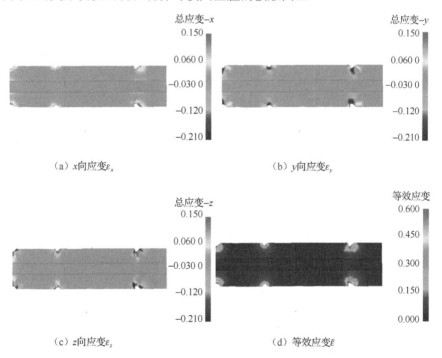

图 4.3　三个楔同步楔入时纵截面上的应变分布图

图 4.3（a）中，横向 ε_x 在楔入段的三个位置上，由于楔入作用，发生的是拉应变，轧件中的金属受到横向作用，出现横向变形。1 楔由于楔入段较侧楔楔入段提前进入到展宽段，因此横向变形较大，3 楔由于楔高比 1 楔和 2 楔高，由此得知，对应的变形也较大。轧件内孔壁上，由于楔入时，只是在表层金属轧透，

内部金属变形不大，内孔壁和芯棒之间保有原来的间隙，楔入段轧制相当于无芯棒轧制。

图 4.3（b）中显示的是纵截面的纵向变形，楔入时，楔形下压使轧件金属在 y 方向上出现压应变，3 楔处较 1 楔、2 楔楔处要高，因此压下变形量较大。但在远离楔入点的地方，由于此刻金属并未流动到，应变值逐渐下降，直至为零，暂没出现应变变形。

图 4.3（c）为纵截面上的 z 向应变，由于楔入时，在楔形楔入往两侧挤压过程中，z 向出现压应变，但在楔高处，出现了拉应变，在远离楔入点，拉应变逐渐变小。

图 4.3（d）为整个楔入段的等效应变，在三个楔楔入时，在三个楔入点处压应变最大，在 1 楔和 3 楔处的应变，由于提前进入展宽和楔高的原因，较 2 楔的应变值来得大。

2. 三个楔同步楔入段横截面的应变分析

图 4.4 为三个楔同步楔入段截面位置，其中 $A—A$、$C—C$ 和 $D—D$ 为多楔楔横轧轧制空心车轴的楔入段成形面的横截面上的应变，以其中以 $A—A$ 为例进行分析。

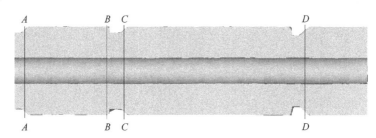

图 4.4 三个楔同步楔入段截面位置

从图 4.5 中可知，在轧件横截表面，在多楔模具主楔楔入轧件时，模具与轧件接触面上发生了挤压变形，由于这个时刻金属还没发生轴向流动，轧件的主楔楔入段截面处的横向、径向和轴向发生的是拉应变。在接触处发生的应变最大，并随着远离接触的位置，应变值开始逐渐下降，直至为零；轧件内孔处因变形尚不明显，且与芯棒存在一定的间隙，所以应变值基本为零。

图 4.5（a）中，从轧件横向应变 ε_x 看，主要发生的是拉应变，轧件表面接触处的横向应变 ε_x 值最大，在与芯棒接触部分处也出现了部分拉应变，是由芯棒和内壁之间因在楔入段时在径向上有所接触发生变形所致。

图 4.5（b）中，从轧件的径向应变 ε_y 看，基本上发生的是压应变，但在接触面上因模具带动致金属出现流动的关系，在局部出现了较大拉应变。

图 4.5（c）中，受到模具挤压影响，出现轴向压应变，与模具接触区金属轴向流动受阻，最大轴向拉应变为 0.619mm/mm。轧件内层出现轴向拉应变，这是由已楔入部分的金属发生轴向流动，带动内层金属轴向流动所致。

图 4.5（d）中，反映轧件应变强度的等效应变 $\bar{\varepsilon}$，从图中可以看出，在轧件与楔形斜面相接触部位，对应的等效应变值最大，相对离接触面越远，对应的等效应变值越小，而未发生变形区的等效应变值为零，其中轧件内壁与芯棒接触区，由于存在微小间隙，只发生轻微变形。

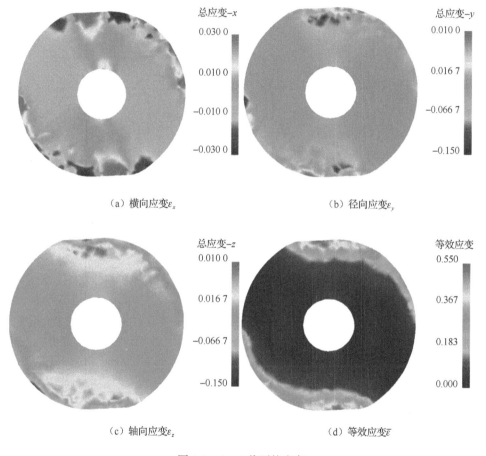

（a）横向应变 ε_x

（b）径向应变 ε_y

（c）轴向应变 ε_z

（d）等效应变 $\bar{\varepsilon}$

图 4.5 A—A 截面的应变

图 4.6 为 B—B 截面的应变，即 B—B 截面是多楔模具过渡角的成形区域，在主楔进行楔入段而侧楔在避让主楔排开金属的同时，在多楔过渡衔接的侧面形成了圆锥形，所以这一段发生的应变和 A—A 截面发生的应变基本类似，在此不再详述。

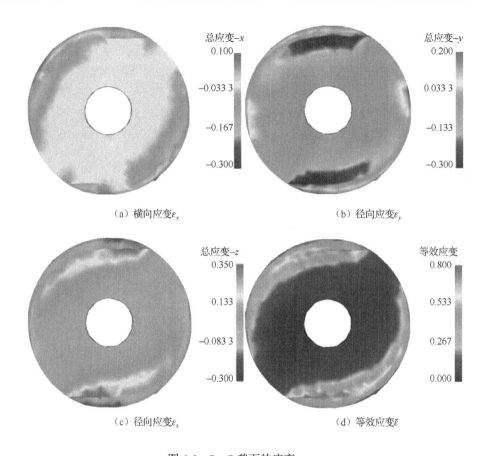

（a）横向应变ε_x　　　　　　　　（b）径向应变ε_y

（c）径向应变ε_z　　　　　　　　（d）等效应变$\bar{\varepsilon}$

图 4.6　B—B 截面的应变

4.3.2　展宽段时应变特点

1. 展宽段纵截面的应变分析

楔横轧多楔同步轧制空心列车轴在展宽段是由主楔、侧楔、第 3 楔等依次进入到展宽段，这是整个成形的主要过程。空心轧件主要处在径向压缩、轴向延伸过程，内孔在芯棒的作用下，大致保持圆形的形状。图 4.7 给出该空心轧件在展宽段时纵向截面的应变分布。

该过程主要发生的径向压缩和轴向延伸的大变形，由图 4.7 横向应变分布 ε_x 可知，三个楔轧细部分主要还是体现压应变，因为 3 楔楔入到最低端而轧件内部局部地方出现拉应变，空心轧件相对实心轧件而言，容易产生径向压应变和横向拉应变，这是导致椭圆化出现的内在机理。图 4.7 示出径向应变 ε_y，除了轧细部分，其他部分应变分布均匀，在 3 楔轧制部分体现的是拉应变，最大拉应变发生在第 3 楔的地方，因为该处的端面收缩率最大，在远离楔形作用的地方，应变逐渐减小，直至下降为零。整个过程中，轧件未变形区应变为 0。轧件内孔壁受芯棒作用，应变均匀，应变值较小，成形的内孔质量较好。

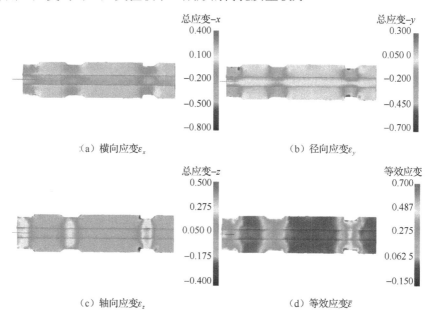

（a）横向应变ε_x （b）径向应变ε_y

（c）轴向应变ε_z （d）等效应变$\bar{\varepsilon}$

图 4.7 展宽段时纵截面应变分布

2. 展宽段横截面应变分析

为了更好地分析多楔展宽段过程中的应变场的变化，我们在楔入段的截面上选取横截面，如选取 $A—A$、$C—C$ 和 $D—D$ 为楔横轧多楔同步轧制空心列车轴的楔入段成形面的横截面上的应变，这个和单楔成形过程类似，在此就不再详述。这里主要展开对过渡截面 $B—B$ 的分析。

过渡面是侧楔在楔入时成形的圆锥面，是多楔成形长轴段光滑的重要部分，由于侧楔的偏转角作用，该成形面并没有参与挤压成形，所以有必要分析一下该部分在展宽段的应变场。

如图 4.8（a）所示，为横截面上的应变分布，在截面的右下角和右左上角部分出现了横向拉应变，因为在这些区域，在模具的带动下，在将要进入和模具接触的那部分上出现拉应变，拉应变的值随着轧件壁厚方向而减小，到壁孔处接近零。

如图 4.8（b）所示，为横截面上的应变分布。在截面的左下角和右上角区域部分出现了拉应变，因为这些区域在模具带动下，转出接触区域，应变分布大致呈扇形，在接近内孔壁的时候应变值接近于零。

如图 4.8（c）所示，为横截面上的轴向应变分布，整个截面上基本处于轴向压应变，因为侧楔一直在避让主楔作用下的金属流动，但由于还存在部分金属累积，这样在轴向方向就出现了压应变，且基本均匀分布。

如图 4.8（d）所示，为横截面上的等效应变，从应变分布的情况看，分布比较均匀，在轧件外缘应变值较大，到内孔应变值逐渐变小，这样对整个孔形的椭圆化抑制效果较好。

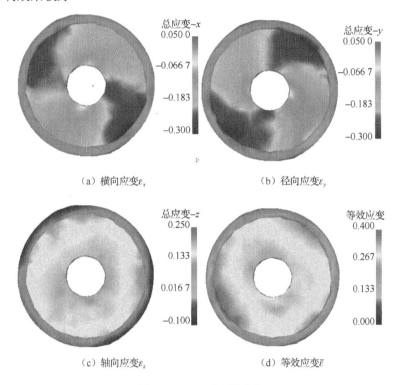

图 4.8 B—B 截面的应变

4.3.3 轧制结束后应变特点

多楔同步轧制空心列车轴是同时进入楔入段，但展宽阶段进入和结束并不是同时的，为了保证轧件尺寸，如中间等直径长轴段的尺寸 1 311mm，则需要在主楔完成过渡光滑后，侧楔才能进入精整段，同样为了保证轴的最远端尺寸，则需要第 3 楔在主楔和侧楔完成轧制后再进入精整段，这样就能保证整个轧件的整个轴向尺寸。图 4.9（a）中，从横向应变来看，应变分布均匀，在光滑过渡段上，还存在主楔在轧制少量的金属，所以出现局部的拉应力。在第 3 楔轧制的轴颈表面处，由于断面收缩率较大，其压应变值相对来说就要大。图 4.9（b）中，从径向应变来看，应变分布均匀，在光滑过渡处也因少量局部金属堆砌而导致出现径向压应力。在轴颈表面和内壁处，由于在此处断面收缩率最大，拉应变值也最大，在远离变形处的地方，应变逐渐减小至零。图 4.9（c）中，从轴向来看，在第 3 楔轧制的轴颈表面和内壁处，体现为压应变。从图 4.9（d）等效压应变来看，除了光滑过渡处和第 3 楔轧制处，其他应变基本均匀。

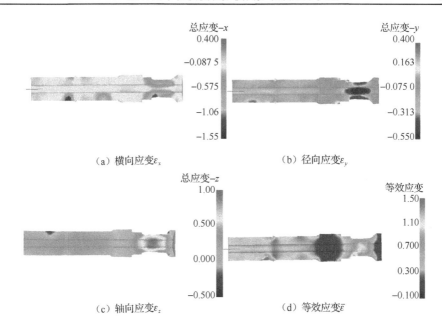

（a）横向应变ε_x （b）径向应变ε_y

（c）轴向应变ε_z （d）等效应变$\bar{\varepsilon}$

图4.9 轧制结束后纵截面上的应变

4.4 空心轧件应力场特征分析

4.4.1 楔入段时的应力特点

1. 纵截面应力分析

在多楔轧制空心车轴的楔入段，从图4.10中可以得出，在该阶段，由于3楔是同时楔入的，在空心轧件与模具接触部位的金属流动必然受到阻碍，这样就造成在三个部位的应力均为压缩应力，且应力值变化是随着远离接触点应力值减小，直至为零。轧件内壁，整体上应力较为分散，这样利于内孔成形具有好的质量。

如图4.10（a）所示，从横向应力σ_x可以看出，在轧件外缘的主楔、侧楔和第3楔与轧件接触部位，在横向产生了压应力，最大的应力值达到250MPa，而远离接触部位的压应力分布均匀，应力值基本为零。

如图4.10（b）所示，从径向应力σ_y可以看出，在轧件外缘的主楔、侧楔和第3楔与轧件接触部位，径向方向上产生的也是压应力，在第3楔和轧件接触处的压应力值达到最大接近220MPa，在远离三个楔接触的区域，应力值为零。

如图4.10（c）所示，从轴向应力σ_z可以看出，在轧件外缘的主楔、侧楔和第3楔与轧件接触部位，轴向方向上产生的同样也是压应力，最大的应力值发生在主楔处，因为主楔是往两侧同时排开金属，这样金属阻碍更强，对应的压应力值越大，而在远离三个楔接触的区域，应力值为零。

如图 4.10（d）所示，从等效应力 $\bar{\sigma}$ 可以看出，在轧件外缘的主楔、侧楔和第3 楔与轧件接触部位的等效应力值较大，但变化较为均匀，在 100～150MPa，轧件内孔壁的等效应力基本为零，因为轧件和芯棒存在间隙。

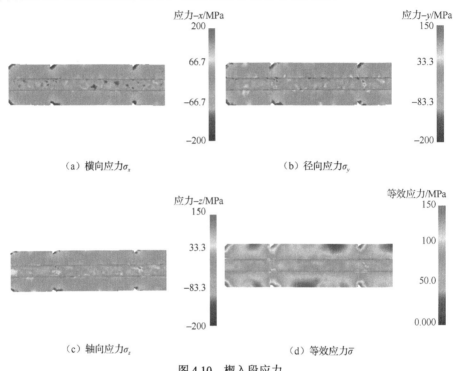

（a）横向应力σ_x　　　　　　　　　　　　　　（b）径向应力σ_y

（c）轴向应力σ_z　　　　　　　　　　　　　　（d）等效应力$\bar{\sigma}$

图 4.10　楔入段应力

2. 横截面应力分析

图 4.11 为 B—B 截面应力，即为多楔轧制成形楔入段横截面上的应力场分布，可以很明显看出的是在空心轧件外缘和模具接触的部位发生的是压应力，因为楔入过程中，金属后轴向流动受到阻碍，金属堆积时就容易产生压应力，应力在接触部位达到最大值，在远离接触部位的应力值逐渐减小，同时沿壁厚方向的应力值也减小。因为处于轧制初始阶段，轧件整体变形较小，而且芯棒内孔壁之间存在间隙，因此，内孔壁的应力值基本为零。

如图 4.11（a）所示，从横向应力 σ_x 可以看出，模具带动空心轧件转动，在轧件外缘接触部分出现压应力，且横向应力最大值达到 410MPa，在远离接触部位应力逐渐下降为零。在轧件旋转过程中，与两侧挡板作用，在与挡板接触部位出现拉应力。内孔由于和芯棒存在间隙，应力值基本为零。

如图 4.11（b）所示，从径向压力 σ_y 可以看出，空心轧件在与模具接触的外缘部分也出现压应力，其中最大压力值达到 262MPa，而另外两侧的轧件金属则出现拉应力，这样是轧件在横截面上有椭圆化的趋势。轧件内孔同样因和芯棒有间隙，压应力基本为零。

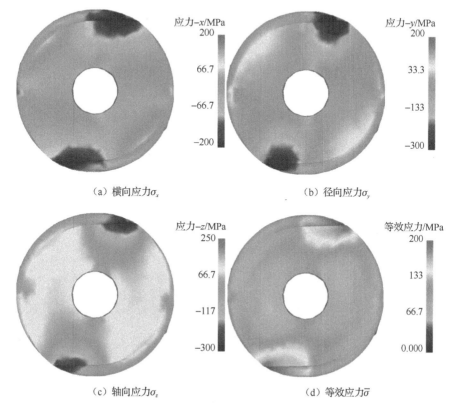

（a）横向应力σ_x　　　　　　　　　　（b）径向应力σ_y

（c）轴向应力σ_z　　　　　　　　　　（d）等效应力$\bar{\sigma}$

图 4.11　B—B 截面应力

如图 4.11（c）所示，从轴向应力 σ_z 来看，在空心轧件与外缘接触处的最大应力值达到 335MPa，不过该应力区域部分较横向应力小得多。同样，由于轧制处于初始阶段，轧件内孔和芯棒不发生作用，内孔壁应力值为零。

如图 4.11（d）所示为等效应力 $\bar{\sigma}$，在轧件外缘接触处的等效压力值最大，为 227MPa，轧件和挡板的接触处也体现出相应的等效应力约为 100MPa。由于内孔与芯棒具有间隙，等效应力基本为零。

B—B 截面是多楔模具过渡角的成形区域，在主楔进行楔入段时，侧楔在避让主楔排开金属的同时，在多楔过渡衔接的侧面形成了圆锥形面，所以这一段发生的应变和 A—A 截面发生的应变基本类似，这里不再赘述。

4.4.2　展宽段时应力特点

图 4.12 为多楔轧制空心车轴的展宽段应力场分布。空心轧件外缘和主楔、侧楔等接触部位，均体现为压应力，主楔在展宽角的作用下，主楔展宽的位置因挤压金属的原因，在展宽侧主要为压应力。侧楔在展宽侧和主楔类似，也是为压应

力；但是在偏转侧，由于楔入段时，已成形相应的锥形面，在轧件和侧楔偏转接触面上如图所示的 A 区域，没有金属的挤压，不存在压应力。空心轧件内部，随着轧制的深入，金属在径向上压缩，空心轧件内壁和芯棒开始挤压变形，因而逐渐出现应力分布。

图 4.12（a）中，从横向应变 σ_x 来看，在楔形和模具作用处压应力的值最大，最大值为 353MPa。展宽段时，表层金属流动，带动层金属流动，因此沿壁厚方向应变值逐渐减小，直至出现拉应变。

图 4.12（b）中，从径向应力 σ_y 来看，在楔形和模具作用处压应力的值最大，在 3 楔处的应力值最大（因为端面收缩率最大），最大值为 318MPa，远离楔形作用处的应力值减小直至为 0。同时，由于表层金属流动，带动层金属流动，在沿壁厚方向上应力逐渐变为拉应力。

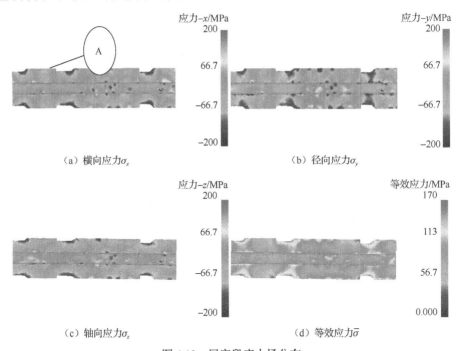

（a）横向应力 σ_x　　　　　　　　　　　　（b）径向应力 σ_y

（c）轴向应力 σ_z　　　　　　　　　　　　（d）等效应力 $\bar{\sigma}$

图 4.12　展宽段应力场分布

图 4.12（c）中，由轴向应力 σ_z 可知，随着轧制的深入，展宽段时，金属轴向流动加快，进而对应的轴向应力相比楔入段要减小，但是在楔形作用下，容易出现局部的压应力。

从图 4.12（d）等效应力 $\bar{\sigma}$ 的角度来看，随着轧制的逐渐深入，应力场虽然主要还分布在外缘，但慢慢渗透到内部，沿壁厚方向上的应力逐渐变为拉应力。由以上分析可知，在整个展宽段，由于金属轴向流动阻碍减小，成形速率加快，相对实心车轴轧制而言，内部变化开始复杂，并出现拉应变。

4.5 工艺参数对空心列车轴多楔同步轧制应力-应变的影响

楔横轧模具的工艺参数对工艺的稳定性和轧件质量有很大的关系。空心件的轧制工艺比实心件轧制工艺要求更高，多楔轧制比单楔轧制的工艺参数选择更为复杂，所以模具工艺参数的合理选择是改善轧件内部应力-应变分布的重要因素。本章通过分析不同工艺参数对轧件特征点应力-应变的影响，找出工艺参数对多楔同步轧制空心列车轴的影响规律，为多楔同步轧制空心件的工艺参数选择提供依据。

4.5.1 展宽角的影响

展宽角 β 是楔横轧模具最基本、最重要的工艺参数之一。展宽角 β 轧制的旋转条件、疏松条件、缩颈条件等对轧件特征点应力-应变都有很大的影响。轧制大型或特大型轴类件，如 RD2 空心列车轴、汽车半轴等，为了缩短模具辊径，展宽角 β 在满足上述条件的情况下应当尽可能选大一些，多楔同步轧制时，展宽角一般选取范围为 $4° \leqslant \beta \leqslant 12°$。

本节选取 1 楔展宽角分别为 5°、6° 和 7°，提出理论展宽角和实际展宽角的概念，为了使 2 楔实际展宽角同 1 楔展宽角一样，2 楔的展宽角选取在 1 楔基础上转过平偏转角 θ_1，所以 2 楔展宽角分别为 6.5°、7.8° 和 9.1°。3 楔的展宽角选取以与 1 楔和 2 楔共同完成轧制为准，其实际展宽角均比 1 楔展宽角要小。表 4.2 为 3 组试验的具体工艺参数。

表 4.2 展宽角 β 不同情况下模具工艺参数

试验序号	展宽角 β/(°)			成形角 α/(°)		断面收缩率 ψ/(°)		偏转角 θ_1/(°)	偏转角 θ_2/(°)	模具辊幅/mm
	1楔	2楔	3楔	1楔、2楔	3楔	1楔、2楔	3楔			
1	5	6.5	6.9	36	30	26	34/56	1.5	3.0	4 690
2	6	7.8	8.2	36	30	26	34/56	1.8	3.6	3 990
3	7	9.1	9.6	36	30	26	34/56	2.1	4.2	3 488

本节选取图 4.13 所示 P_1、P_2、P_3 和 P_4 作为特征点进行研究。P_1 和 P_2 是模具楔入点的外表面和内表面，这两个点基本反映了轧件轧制过程的应力-应变变化，P_3 和 P_4 为过渡面的外表面和内表面，这两个点反映了轧件接口处的质量。

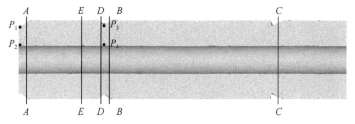

图 4.13 3 楔同步楔入段的截面位置

1. 展宽角对特征点应力的影响

图 4.14 示出展宽角 β 对轧件外表面 P_1 点的应力影响，1 楔的展宽角 β 增大，模具辊幅大幅减小，轧制时间缩短。从 P_1 点的等效应力上看，P_1 点的等效应力先快速增大，模具楔入到最深处达到最大值，然后再减小，这发生在模具楔入段，此时 P_1 点半径发生较大的改变。楔入完成后进入展宽段，P_1 点的应力变化减小，均在 106MPa 附近波动。轧制完成后 P_1 点应力得到释放，变成 0。展宽角 β 增大，P_1 点的最大等效应力 $\bar{\sigma}$ 增大。当展宽角 β 分别为 5°、6° 和 7° 时，P_1 点的最大等效应力值分别为 192MPa、198MPa 和 209MPa。切向应力 σ_x、轴向应力 σ_y 和径向应力 σ_z 呈周期性变化：当 P_1 点与模具楔平面正对时，承受压应力；与导板正对时，承受拉应力。随着展宽角的 β 的增大，P_1 点受拉应力和压应力变化周期缩短，频率加快，幅值增大；P_1 点离楔越近，受力越大，离楔越远，受力减小。

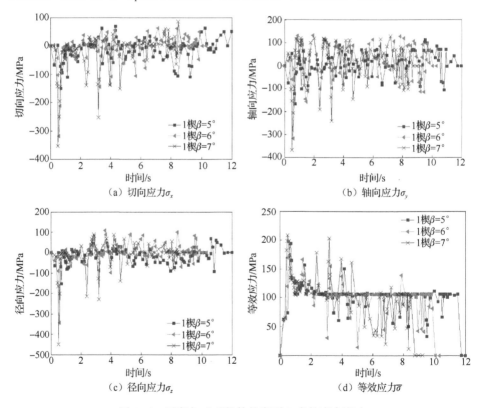

图 4.14　展宽角 β 对轧件外表面 P_1 点的应力影响

图 4.15 示出展宽角 β 对轧件内表面 P_2 点的应力影响，从 P_2 点等效应力图上看，模具楔入时，轧件内表面 P_2 点等效应力迅速增大，模具楔入到最深处时，展宽角 β 分别为 5°、6° 和 7° 时最大等效应力分别为 143MPa、147MPa 和 149MPa，展宽角的变化对轧件内表面点受力影响不大。随后几个旋转周期，P_2 点的等效应力波峰逐渐减小，最后稳定在 106MPa 附近波动。当楔离开 P_2 点变远时，P_2 点的应力释放逐渐明显，展宽角越大，应力释放越明显。轧制完成后，P_2 点应力得到完全释放。内壁点 P_2 各向应力呈周期性变化，与外壁点 P_1 相似，各项应力最大值出现不明显，说明内壁点受轧件变形影响较小。

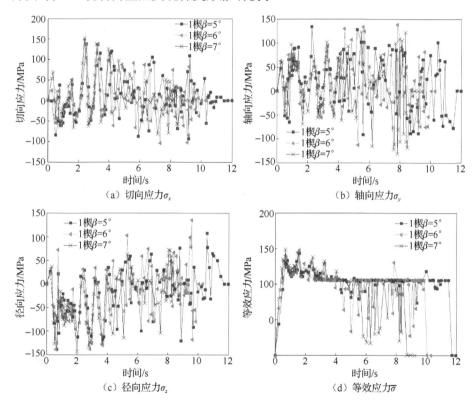

图 4.15　展宽角 β 对轧件内表面 P_2 点的应力影响

图 4.16 示出展宽角 β 对轧件过渡段外表面 P_3 点的应力影响。从图中 P_3 点的等效应力上看，模具 2 楔楔入时，P_2 点等效应力迅速增大，此时各工况下最大等效应力均在 150MPa 左右，说明 2 楔在楔入时，其展宽角变化对最大等效应力影响不大。随着 2 楔的远去，应力值波峰逐渐减小，最后稳定在 106MPa。随着轧制的进行，1 楔逐渐进入过渡段，1 楔经过 4 个旋转周期的作用，完成对过渡段外表面 P_3 点的轧制，等效应力波峰值一个比一个大，第 4 个波峰达到最大值。展宽角 β 分别为 5°、6° 和 7° 时最大等效应力分别为 160MPa、186MPa 和 219MPa，比

展宽角 5° 时增大 16.25%和 36.87%，说明 1 楔展宽角的变化对过渡段外表应力变化影响很大，随展宽角的增大而增大。P_3 点的各项应力呈周期性变化，均在 1 楔轧制过渡段时达到最大值。

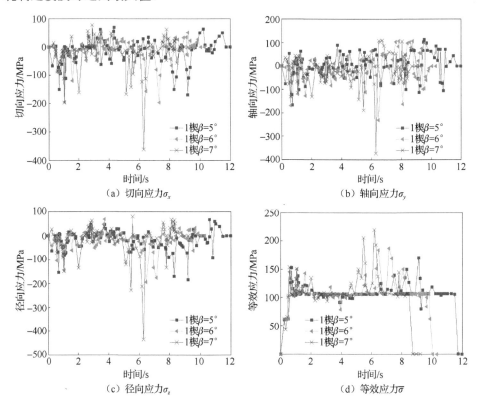

图 4.16　展宽角 β 对轧件过渡段外表面 P_3 点的应力影响

　　图 4.17 示出展宽角 β 对轧件过渡段内表面 P_4 点的应力影响，P_4 点的等效应力和各项应力变化与 P_3 点变化相近，但是幅值比 P_3 点要小，最大等效应力出现在 1 楔轧制过渡段时，展宽角 β 分别为 5°、6°和 7°时最大等效应力值分别为 141MPa、144MPa 和 148MPa，展宽角变化对过渡段内表面的应力变化不明显。

　　由上分析可知，展宽角 β 对轧件外表面的应力影响比较大，对内表面应力影响较小。展宽角增大，最大等效应力和各项应力均增大。展宽角 β 对轧件内表面的应力变化不明显，轧件内表面应力值波动比外表面要小。轧件过渡段最大等效应力出现在 1 楔轧制过渡段时，受 1 楔展宽角影响很大，基本不受 2 楔展宽角的影响。多楔同步轧制空心列车轴时，为了减小外表面的应力，应当选取较小的展宽角。

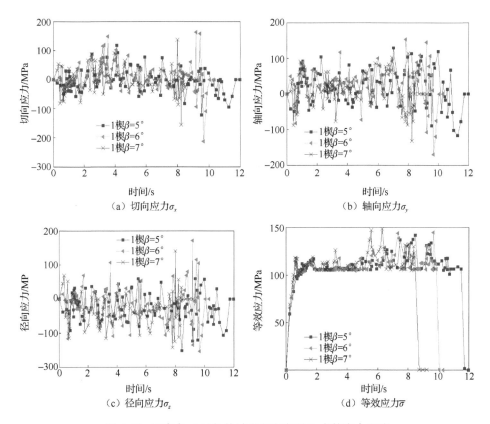

图 4.17 展宽角 β 对轧件过渡段内表面 P_4 点的应力影响

2. 展宽角对特征点应变的影响

图 4.18 示出展宽角 β 对轧件外表面 P_1 点的应变影响。从 P_1 点等效应变图上看，模具楔入时，P_1 点的等效应变迅速增大，楔入完成后，由于楔与 P_1 点较近，对 P_1 点的影响大，等效应变呈周期性、阶梯式增大。随着轧制的进行，1 楔的楔斜面远离 P_1 点后，P_1 点的等效应变基本保持不变，趋于稳定。展宽角对轧件外表面 P_1 点的影响较大，展宽角增大，等效应变增大，轧制完成后，展宽角 β 分别为 5°、6° 和 7° 时等效应变分别为 2.85、3.10 和 4.01。P_1 点的切向应变和径向应变呈周期性变化，切向应变和轴向应变受拉或受压状态相反，相差半个周期，随着展宽角 β 的增大，切向和径向应变变化频率缩短，幅值增大。P_1 点的轴向应变先快速增大，然后减小，最后趋于稳定在 0.24，并且不受展宽角影响。

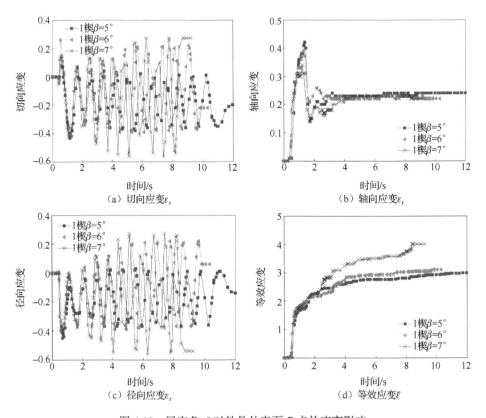

图 4.18　展宽角 β 对轧件外表面 P_1 点的应变影响

　　图 4.19 示出展宽角 β 对轧件内表面 P_2 点的应变影响。从等效应变图上看，P_2 点的等效应变在模具楔入和展宽开始时都是快速增大的，但比 P_1 点的增速要慢，且展宽角变化对增速影响不大，这说明模具楔入时对表层金属的应变影响比对内层金属的应变影响要大。展宽的后半段，由于楔斜面远离 P_2 点，应变变化不大，趋于稳定。内表面 P_2 点的等效应变受展宽角影响较大，轧制结束后，展宽角 β 分别为 5°、6° 和 7° 时等效应变分别为 1.21、1.32 和 1.41，说明展宽角增大，轧件内部点应变增大，内孔出现不圆度的现象也变大。从各向应力表现上看，P_2 点的应变变化规律与 P_1 点的变化规律相似，但是幅值要比 P_1 点小。这说明轧制后，轧件发生变形的外表面应变值比内表面应变值要大。

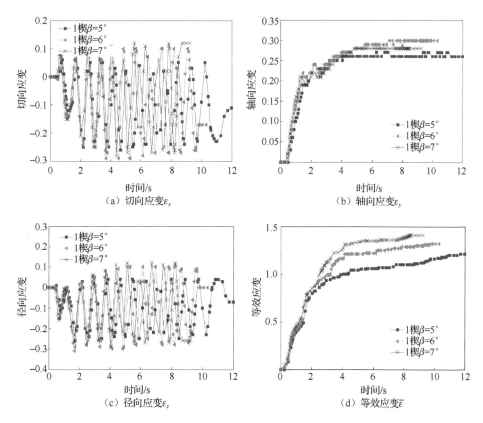

（a）切向应变ε_x　　　　　　　　　（b）轴向应变ε_y

（c）径向应变ε_z　　　　　　　　　（d）等效应变$\bar{\varepsilon}$

图 4.19　展宽角 β 对轧件内表面 P_2 点的应变影响

图 4.20 示出展宽角 β 对轧件过渡段外表面 P_3 点的应变影响。轧制开始时，模具 2 楔楔入，P_3 点的等效应变迅速增大，3 楔同步展宽时，等效应变变化较小。随着展宽的进行，1 楔开始轧制过渡段，这时 P_1 点的等效应变迅速增大，且增幅比楔入时要大。过渡段轧制完成后，等效应变趋于稳定。展宽角 β 分别为 5°、6°和 7°时，轧制结束后等效应变分别为 6.04、5.89 和 5.64，展宽角变化对过渡段外表的等效应变变化不大，这是因为 2 楔在轧制初期已经轧制出一个圆锥形的斜台面，而 1 楔轧制的过渡段的任务是轧平这个斜台面，在斜台面形状确定的前提下，受 1 楔展宽角影响较小，受两次轧制影响，P_3 点的应变值比 P_1 点应变值要大。从各向应变上看，轧制开始时，各向均有应变产生，但是应变值不大，切向和径向应变呈周期变化，轴向应变一直受压应变，这是因为 P_2 点的轴向流动受 2 楔的阻碍，而且轧制初期 2 楔轧制的部分金属出现回流，导致轴向压应变较大。在 1 楔逐渐进入过渡段时，各向应变在数值上都发生了较大的变化，展宽角对轴向应变和径向应变影响不到，但是随着展宽角的增大，切向应变反而减小。

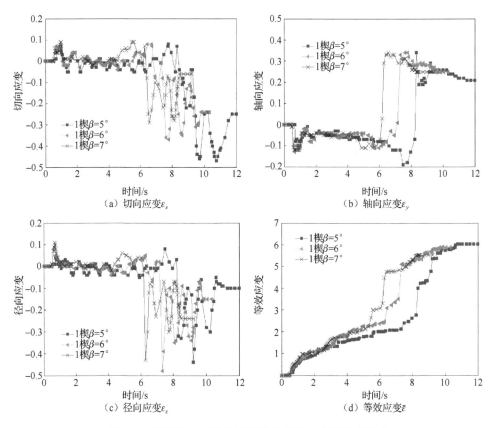

图 4.20　展宽角 β 对轧件过渡段外表面 P_3 点的应变影响

图 4.21 示出展宽角 β 对轧件过渡段内表面 P_4 点的应变影响。从图中 P_4 点的等效应力上看，从轧制开始到轧制结束，P_4 点的等效应变一直处于增大状态，没有出现明显的阶跃状态，这说明 P_4 点应变变化对轧制的楔入、展宽和轧制过渡段的特殊阶段不敏感，主要原因是受到芯棒的支撑作用。当展宽角 β 分别为 5°、6° 和 7° 时，轧制结束后等效应变分别为 2.31、2.39 和 2.51，过渡段内孔变形增大，出现不圆度现象也更为明显了。从各向应变上看，P_4 点的变化与 P_2 点变化相似，P_4 点的切向应力和径向应力幅值呈增大趋势，但是数值上比 P_2 点要小。

综上分析可知，展宽角 β 变化对轧件非过渡段外表面的应变影响比较大，展宽角增大，最大等效应变和各向应变均增大，对过渡段外表面的应变影响不大，受 2 楔和 1 楔两次轧制的影响，过渡段外表面应变值比非过渡段外表面应变值要大。轧件过渡段等效应变改变最快的是在 1 楔轧制过渡段。轧件内表面应变值比外表面要小，但是随展宽角增大，应变值增大，内孔容易出现不圆度。多楔同步轧制空心列车轴时，为了减小非过渡段外表面和轧件内孔的应变，应当选取较小的展宽角。

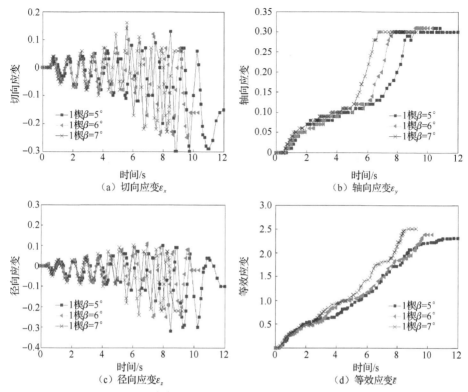

图 4.21 展宽角 β 对轧件过渡段内表面 P_4 点的应变影响

4.5.2 成形角的影响

成形角 α 是楔横轧模具设计中最基本、最重要的工艺参数之一。成形角 α 轧制的旋转条件、疏松条件、缩颈条件等对轧件特征点应力-应变都有很大的影响。一般来说，增大成形角 α，不利于旋转条件。但增大成形角 α，可以减小轧件椭圆度值，增大成形角 α 对提高轧件的成形质量有积极的作用。因此，成形角的选取原则较轧制实心件有所区别，为减小轧件横截面上的椭圆度值应适当增大成形角 α。根据理论与实践，多楔轧制空心轴件模具的成形角 α 的选取范围为 $24° \leqslant \alpha \leqslant 48°$。

由 1 楔和 2 楔共同轧制空心车轴长轴段，1 楔和 2 楔的成形角选取一样，改变 1 楔和 2 楔的成形角，具体工艺参数如表 4.3 所示。

表 4.3 成形角 α 不同情况下的模具工艺参数

试验序号	展宽角 $\beta / (°)$			成形角 $\alpha / (°)$		断面收缩率 $\psi / (°)$		偏转角 $\theta_1 / (°)$	偏转角 $\theta_2 / (°)$	模具辊幅/mm
	1楔	2楔	3楔	1楔、2楔	3楔	1楔、2楔	3楔			
1	6	7.8	8.2	30	30	26	34/56	1.5	3.0	3 990
2	6	7.8	8.2	36	30	26	34/56	1.8	3.6	3 990
3	6	7.8	8.2	42	30	26	34/56	2.1	4.2	3 990

1. 成形角对特征点上的应力影响

图 4.22～图 4.25 分别是成形角 α 对 P_1 点、P_2 点、P_3 点和 P_4 点的各向应力和等效应力影响的变化曲线。从图 4.22 P_1 点的应力变化上看，增大成形角 α，P_1 点等效应力的最大值增大，成形角 α 分别为 30°、36° 和 42° 时，等效应力最大值分别为 196MPa、202MPa 和 228MPa，成形角 α 从 30° 增加到 36° 时，最大等效应力增加不明显，但是从 36° 增加到 42° 时，最大等效应力增加了 26MPa，增幅为 11.4%。成形角增大，轧件的各向应力幅值均增大。成形角增大，轧件外表面的应力值增大，这是因为模具在楔入时，单位时间内楔入深度增加，应力增幅加快。

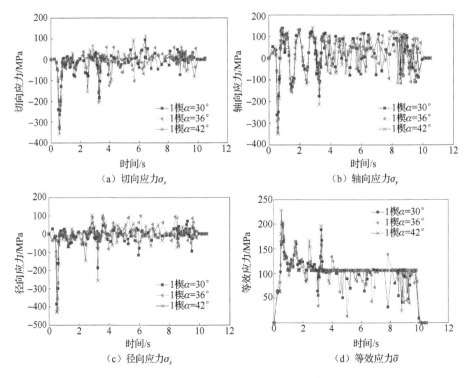

图 4.22　成形角 α 对 P_1 点的应力影响的变化曲线

从图 4.23 P_2 点的应力变化上看，增大成形角，内表面 P_2 点的等效应力和各向应力均有增大，但是增幅很不明显，说明内表面上的点对成形角 α 的变化感应不明显，成形角改变对内表面上点的影响很小。

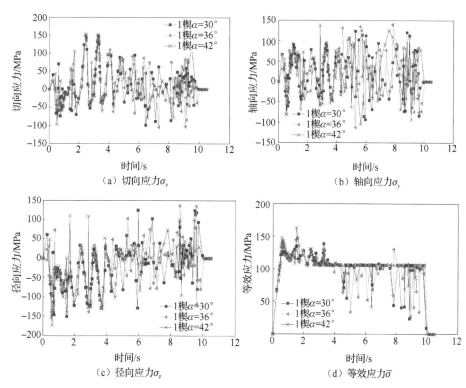

图 4.23 成形角 α 对 P_2 点的应力影响的变化曲线

图 4.24 为成形角 α 对 P_3 点的应力影响的变化曲线。从图 4.24 P_3 点的应力变化上看，P_3 点的最大等效应力和最大各向应力均出现在 1 楔轧制过渡段，成形角 α 分别为 30°、36° 和 42° 时，P_3 等效应力最大值分别为 223MPa、186MPa 和 256MPa，成形角 α 为 36° 时，轧件的最大等效应力是最小的，而轴向应力和径向应力同样是成形角 α 为 36° 时最小，这说明过渡段表面金属的应力变化情况本身是很复杂的，受成形角影响较小。

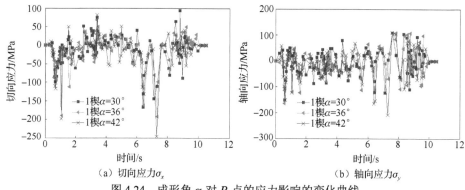

图 4.24 成形角 α 对 P_3 点的应力影响的变化曲线

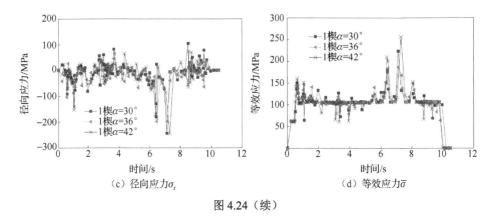

（c）径向应力σ_z　　　　　　　　（d）等效应力$\bar{\sigma}$

图 4.24（续）

　　图 4.25 为成形角 α 对 P_4 点的应力影响的变化曲线。从图 4.25 P_4 点的应力变化上看，改变成形角，内表面 P_4 点的等效应力和各向应力均无明显改变，说明 P_4 点应力变化受两对楔的影响，相比 P_2 点对成形角 α 的变化感应更为不明显，成形角改变对过渡段内表面上点应力基本没有影响。

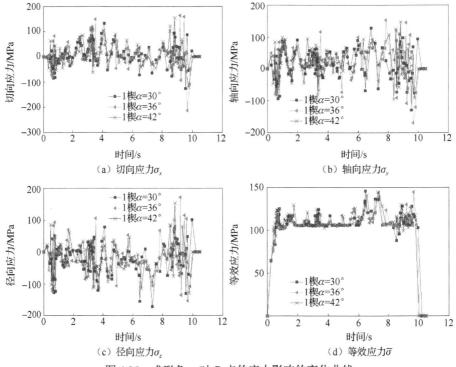

（a）切向应力σ_x　　　　　　　　（b）轴向应力σ_y

（c）径向应力σ_z　　　　　　　　（d）等效应力$\bar{\sigma}$

图 4.25　成形角 α 对 P_4 点的应力影响的变化曲线

　　从以上分析可知，成形角 α 变化对轧件表面的应力变化影响不大，比展宽角 β 变化影响要小。增大成形角，一般表面的最大等效应力和各向应力均有增大，而外表面应力变化受成形角影响比内表面更为明显。在轧件过渡段，特征点的应力变化受两对楔的影响较大，对成形角改变相当不敏感。因此，多楔同步轧制空心列车轴时，成形角的选取可以少考虑对轧件应力的影响。

2. 成形角对特征点上的应变影响

图 4.26～图 4.29 分别是成形角 α 对 P_1 点、P_2 点、P_3 点和 P_4 点的各向应变和等效应变影响的变化曲线。

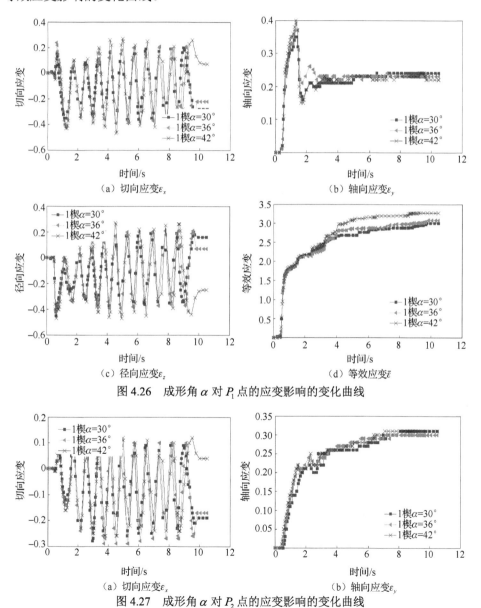

（a）切向应变ε_x　　　　　　　（b）轴向应变ε_y

（c）径向应变ε_z　　　　　　　（d）等效应变$\bar{\varepsilon}$

图 4.26　成形角 α 对 P_1 点的应变影响的变化曲线

（a）切向应变ε_x　　　　　　　（b）轴向应变ε_y

图 4.27　成形角 α 对 P_2 点的应变影响的变化曲线

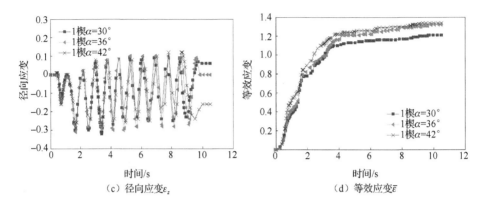

图 4.27（续）

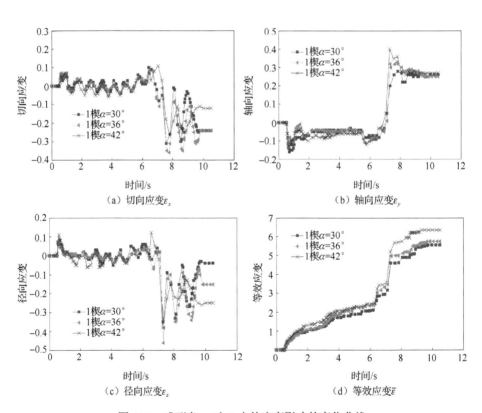

图 4.28　成形角 α 对 P_3 点的应变影响的变化曲线

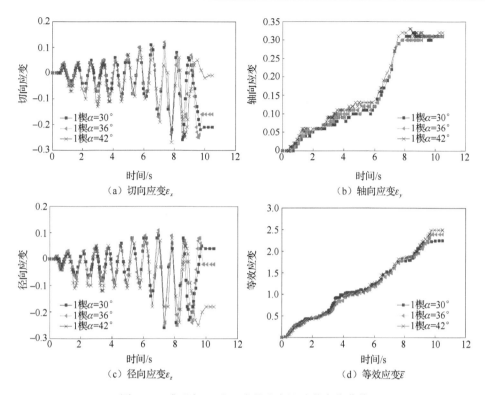

图 4.29　成形角 α 对 P_4 点的应变影响的变化曲线

　　从图 4.26 所示 P_1 点的应变曲线上看，增大成形角 α，轧件外表面 P_1 点的等效应变增大，当成形角 α 分别为 30°、36° 和 42° 时，轧制结束后等效应变分别为 3.01、3.09 和 3.25，成形角从 36° 变化到 42° 时，等效应变增加较多，说明成形角可以适当取大一些，但是不能太大。从轧件切向应变和径向应变上看，增大成形角，切向应变和纵向应变的幅值均增大，轧制结束后，切向应变和径向应变最终的相位不一样，这是因成形角改变，模具的楔入段长度改变引起的。

　　从图 4.27 所示 P_2 点的应变曲线上看，增大成形角，轧件内表面 P_2 点的等效应变增加，但是增加幅度不大，各向应变受成形角的变化同样很不明显。这说明成形角变化对轧件内壁的成形质量影响不大。

　　从图 4.28 所示 P_3 点的应变曲线上看，增大成形角 α，轧件过渡段外表面 P_3 点的等效应变增大，当成形角 α 分别为 30°、36° 和 42° 时，轧制结束后等效应变分别为 5.57、5.76 和 6.34，受 P_3 点两次变形的影响，成形角增大，对其应变影响较大。从轴向应力变化上看，成形角增大，金属轴向流动变得越容易，所以 P_3 点轴向应变受成形角影响较大。

　　从图 4.29 所示 P_4 点的应变曲线上看，增大成形角，轧件内表面 P_2 点的等效应变增加，但是增加幅度不大，各向应变受成形角的变化同样不明显。这说明成形角变化对轧件过渡段内壁的成形质量影响不大。

从以上分析可知，成形角 α 变化对轧件的应变值有影响，增大成形角 α，轧件的等效应变值也增大，且轧件外表面受成形角的影响比内表面要大，增大成形角 α，轧件各向应变的幅值也会增大。轧件过渡段受 1 楔和 2 楔两次轧制，发生两次变形，过渡段金属应变值比一般区域的应变值要大，增大成形角会使过渡段金属的应变值增大。为了使轧件应变值小且更为均匀些，不宜选取过大的成形角。

4.6　本　章　小　结

本章进行了多楔同步轧制空心列车轴的数值模拟，详细分析应力场、应变场的分布和变化规律，以及工艺参数对特征点的应力和应变的影响规律，得到的主要结论如下。

（1）多楔同步轧制空心列车轴的成形过程。楔横轧多楔同步轧制空心列车轴的成形过程分为 9 个典型阶段：①三个楔同步楔入；②1 楔展宽，2 楔、3 楔楔入；③1 楔、2 楔展宽，3 楔楔入；④三个楔同时展宽；⑤1 楔、2 楔展宽，3 楔楔入轴IV段；⑥1 楔、2 楔展宽，3 楔展宽轴IV段；⑦1 楔轧制衔接段，2 楔、3 楔展宽；⑧三个楔共同精整段；⑨轧制完成。

（2）多楔同步轧制空心列车轴的应变场特征。三个楔轧细部分的横向应变主要表现为压应变，3 楔楔入到最低端而轧件内部局部地方出现拉应变；径向应变除轧细部分外应变分布均匀，在 3 楔轧制部分表现为拉应变，最大拉应变发生在第 3 楔的地方，在远离楔形作用的地方，应变逐渐减小，直至下降为零。在整个展宽段，由于金属轴向流动阻碍减小，成形速率加快，出现拉应变。

（3）多楔同步轧制空心列车轴的应力场特征。横向应变在楔形模具作用处压应力值最大，展宽段时，表层金属流动带动层内金属流动，沿壁厚方向，应力值逐渐减小，直至出现拉应力；径向应力在楔形模具作用处压应力值较大，远离楔形作用处应力值逐渐减小直至为零，表层金属流动带动层金属流动，沿壁厚方向上应力逐渐变为拉应力；轴向应力随着轧制的深入，展宽段时金属轴向流动加快，对应的轴向应力相比楔入段要减小，在楔形模具作用下，出现局部的压应力；等效应力随着轧制的逐渐深入，应力场主要分布在外缘，但慢慢渗透到内部，沿壁厚方向上的应力逐渐减小。

（4）展宽角改变对轧件特征点的影响。展宽角增大，轧件应力应变值增大，展宽角对轧件外表影响比较大，对轧件内表面影响较小。成形角改变对轧件特征点的影响：增大成形角，轧件一般截面的应力值增大，但对过渡面上的截面应力影响较小，轧件的应变值增大。

参 考 文 献

[1] 束学道. 楔横轧多楔同步轧制理论与应用[M]. 北京：科学出版社, 2011.

[2] ZHENG S H, SHU X D, PENG W F. Research on the status and prospect of the hollow shafts forming technology in high-speed train[J]. Applied Mechanics & Materials, 2012, 201-202:1071-1075.

[3] 俞澎辉. 高速列车空心车轴楔横轧多楔轧制成形关键技术研究[D]. 宁波：宁波大学, 2013.

[4] 张挺. 楔横轧多楔同步轧制空心车轴成形机理研究[D]. 宁波：宁波大学, 2013.

[5] 崔波, 梁继才, 张昕, 等. 空心件楔横轧成形过程的应力应变分析[J]. 农业机械学报, 2001 (1):102-104.

[6] 汪建敏, 龚贵春, 石磊, 等. 楔横轧轧制空心轴类件应变分析及其控制[J]. 热加工工艺, 2010 (3):112-115.

[7] 杜凤山, 汪飞雪, 杨勇, 等. 三辊楔横轧空心件成形机理的研究[J]. 中国机械工程, 2005, 16 (24)：2242.

[8] 汪飞雪. 三辊楔横轧轴类件成形机理数值模拟及试验研究[D]. 秦皇岛：燕山大学, 2005.

5　工艺参数对空心列车轴楔横轧多楔同步轧制力能参数的影响

力能参数是设备设计的首要参数，也是楔横轧多楔工艺应用于空心列车轴能否实际实施的关键。因此，本章在第3章的基础上，对空心列车轴多楔轧制过程中的工艺参数对其力能参数的影响进行详细研究，并进行1：5轧制试验，为轧机设计打下理论基础。

5.1　展宽角对多楔轧制力能参数的影响

展宽角分为主楔展宽角和侧楔展宽角，在多楔轧制过程中，侧楔展宽角往往受到主楔展宽角的限制，因此在研究展宽角对力能参数影响中，只选取主楔展宽角展宽论述。分别选取不同的展宽角，即5°、5.5°和6°，由图5.1可知，随着展宽角的增大，横向力和径向力增大明显，而轴向力是先增大后减小。其原因是，随着展宽角的增大，在楔入段和展宽段时，由文献[1]和文献[2]可知，金属轴向排开量增大，轴向压缩量也增大；模具楔形和轧件接触区域增大，导致其横向力和径向力增大。轴向力随着展宽角的增大，变形区域变形增大，轧件的轴向变形受到影响，其轴向力变化出现波动。

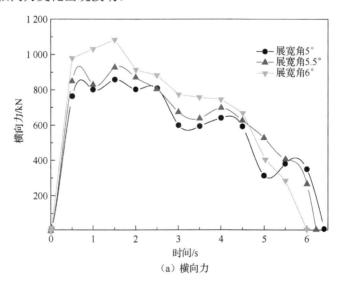

（a）横向力

图5.1　展宽角对力能参数的影响规律

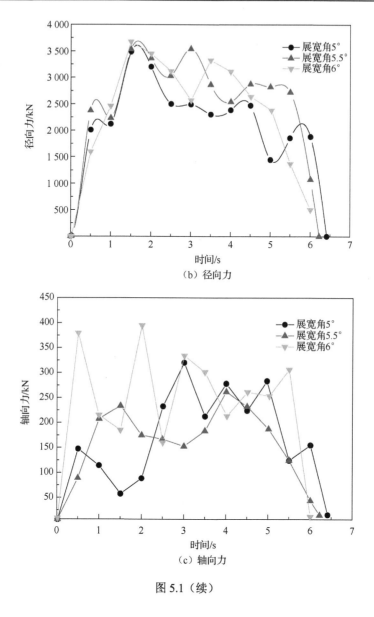

（b）径向力

（c）轴向力

图 5.1（续）

5.2 成形角对多楔轧制力能参数的影响

5.2.1 主楔成形角

选取多楔模具工艺参数展宽角 $\beta_1 = 5°$、$\beta_2 = 6.5°$，侧楔成形角 $\alpha_2 = 45°$，主楔成形角 α_2 为 $35°$、$40°$ 和 $45°$，轧件毛坯外径为202mm；内径为60mm的工况下，仿真模拟所得的轧制过程中各种成形角下的力能参数如图 5.2 所示。

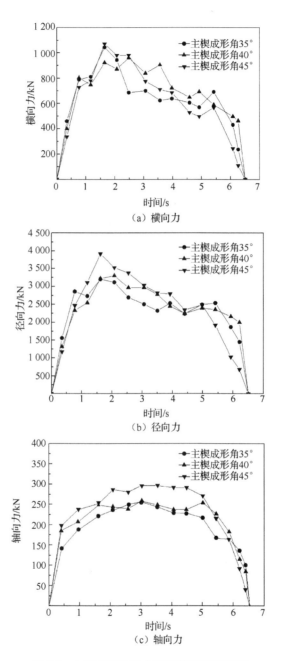

（a）横向力

（b）径向力

（c）轴向力

图 5.2　主楔成形角对力能参数的影响规律

从图 5.2（a）中可以看出，随着主楔成形角的增大，横向力增大，但增幅不大，主楔成形角 40°的横向力较 35°增大 5.2%，横向力随时间增加先急剧增大，随后逐渐减小至零。因为随着成形角的增加，楔形模具和空心轧件的接触面积增加，考虑旋转条件，往往在成形面上通过打整列致密的点来增加摩擦系数，所以成形角越大，发生塑性接触面积越小，而空心轧件的每圈的下压量变大，导致横向力增大。空心轧件随着 3 楔同时从楔入到展宽，横向力逐渐增大，在 3 楔从楔入段过渡到展宽段时，此刻累积变形程度最大，所以横向力最大，然后随着 3 楔进入到展宽段，变形渗入心部轴向流动相对容易，横向力逐渐减小，到精整段，横向力减小至零。从图 5.2（b）中可以看出，随着主楔成形角的增大，径向力增大，轧件每圈的压下量增大，径向变形量增大，这样就导致径向力增大，且在轧制楔入段过渡到展宽段时达到最大，但增幅有限，之后随着轧制进行，径向力逐渐减小，最后减小到零。因为空心轧件主要发生的径向压缩是通过芯棒和轧件的相互作用实现的，所以径向力相对横向力和轴向力要大很多。从图 5.2（c）可以看出，开始轧制阶段，轴向力随主楔成形角的增大而增大，但增大幅度不大，因为成形角增大，模具和轧件接触面积增多，轴向变形量增大，所以轴向力增大。随着轧制的深入，进入到展宽段，流动更加容易，增大成形角并不会增大轴向力。

5.2.2 侧楔成形角

侧楔成形角对力能参数的影响规律如图 5.3 所示。

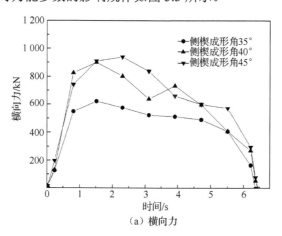

（a）横向力

图 5.3 侧楔成形角对力能参数的影响规律

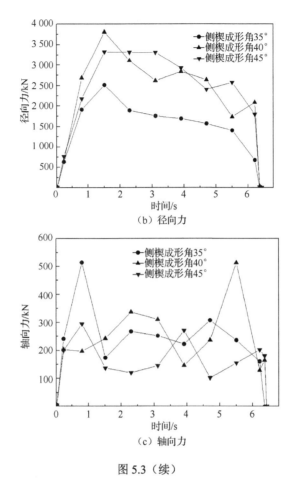

图 5.3（续）

　　从图 5.3 中可以看出，随着侧楔成形角的增大，横向力增大，侧楔成形角在 45°的情况下的最大横向力较 35°时增加了 50%；横向力随时间增大而急剧增大，在楔入段过渡到展宽段时，横向力达到最大，因为这时轴向流动受到阻碍最大，且成形角越大和轧件接触面越大，导致横向力增大，之后横向力随轧制进行逐渐减小；同样，随着成形角的增大，轧件每圈压下量增大，径向变形量增大，这样就导致径向力增大，且在轧制楔入段过渡到展宽段时达到最大，但增幅有限，然后随着轧制的进行，径向力逐渐减小，最后减小到零。

5.3　模具脱空对多楔轧制力能参数的影响

　　对模具的主楔进行脱空处理，模拟参数选择如表 5.1 所示，与未脱空模具进行对比，模具脱空对力能参数的影响规律如图 5.4 所示。

表 5.1　模拟参数选择

展宽角 β/(°)			成形角 α/(°)			断面收缩率 ψ/%			转角 θ₁/(°)	转角 θ₂/(°)
1楔	2楔	3楔	1楔	2楔	3楔	1楔	2楔	3楔	2楔	3楔
5	6.5	6.5	45		45	22		29/56	1	2

　　由分析结果可知，模具脱空后能显著改善轧件的受力状态，因为脱空只是主楔脱空，脱空面积占主楔楔形面积的 50% 左右。由图 5.4 可知，在楔入段时，由于模具脱空部位没有起作用，横向力逐渐增大。因为楔入段轴向流动受到阻碍，所以轧制力在从楔入段过渡到展宽段时达到最大，未脱空模具的轧制力接近 1 100kN，高出脱空后模具轧制力 20% 左右。模具脱空后，径向力在展宽段和精整段明显小于未脱空模具。由于模具脱空影响是以径向力和横向力为主，在展宽过程中，脱空部分对轧件的轴向移动基本不起作用，但也有因模具脱空过于提前，导致一部分轧件回流到脱空型腔中，影响轧件的径向尺寸和精度。

（a）横向力

（b）径向力

图 5.4　模具脱空对力能参数的影响规律

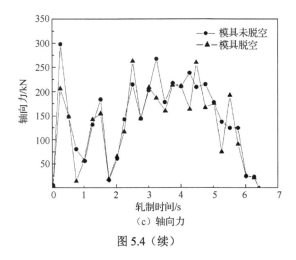

（c）轴向力

图 5.4（续）

5.4　轧制力矩试验测试

5.4.1　轧制力矩测试系统组成

该测试系统由应变测量仪、无线信号接收器、放大器和数据采集系统组成。在轧制过程中，应变测量仪将联轴器旋转时产生的机械应变转换为电阻变化，并将微小的电阻变化量转换成电压的变化量并输出电压信号，输出的电压信号由发射机发射到接收机，通过放大器和数据采集设备输入到计算机中，由扭矩传感器的标定方程和数据采集软件可直接得到实际的扭矩值[3-4]。

应变片及其布置如图 5.5 所示；无线信号接收器及节点如图 5.6 所示。应变仪采用全桥测量的方法，四个桥臂的阻值均相等。扭矩标定就是在所测轴上施加已知标准力矩，以求得电桥输出与力矩之间的关系，成为标定方程或标定曲线。在使用之前，需对应变测量仪进行标定，标定采用并联电阻法，即在选定的某桥臂上并联一个固定电阻 R_c，其值是按给定应变（ε）计算的。并联后测出相应的光点高度，即代表给定的应变值曲线。该试验中扭矩传感器的标定如下。

图 5.5　应变片及其布置

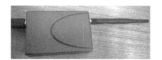 

图 5.6　无线信号接收器及节点

已知并联电阻 R_c 为 510kΩ，桥臂电阻 R 为 350kΩ，轴径 D 为 133mm。

$$R_c = \frac{R}{4K\varepsilon} = \frac{R}{8\varepsilon} \tag{5.1}$$

$$\varepsilon = \frac{R}{8R_c} \tag{5.2}$$

$$\varepsilon = \left(\frac{1+\mu}{E}\right)\frac{M}{W} \tag{5.3}$$

$$W = \frac{\pi}{16}D^3 \tag{5.4}$$

$$M = \frac{\varepsilon WE}{(1+\mu)} \tag{5.5}$$

$$\varepsilon = \frac{350}{8\times5.1\times10^5} = 8.578\times10^{-5}$$

$$M = \frac{\varepsilon WE}{(1+\mu)} = \frac{8.578\times10^{-5}\times\dfrac{3.14\times0.133^3}{16}\times2.1\times10^{11}}{1+0.3} = 6\,397.74(\text{N}\cdot\text{m})$$

无负载时，输出电压为 0.87V，并联电阻后，输出电压为 1.73V，所以计算为

$$\Delta U = 1.73 - 0.87 = 0.86(\text{V})$$

则标定系数

$$k = \frac{M}{\Delta U} = \frac{6\,397.74}{0.86} = 7\,439.232(\text{N}\cdot\text{m}\,/\,\text{V})$$

标定方程为

$$y = a + bx$$

其中

$$a = -6.382，\quad b = 7.439$$

标定方程为

$$y = -6.382 + 7.439x$$

5.4.2　轧制力矩测试结果及分析

按 1∶5 空心列车轴进行模具制造与试验轧制，车轴尺寸示意图如图 5.7 所示；空心列车轴的楔横轧制模具加工现场如图 5.8 所示；空心列车轴的楔横轧制模具如图 5.9 所示；H630 楔横轧机如图 5.10 所示；轧制模具和轧件的相关参数如表 5.2 所示；轧制的试验轧件 1∶5 空心轴如图 5.11 所示。

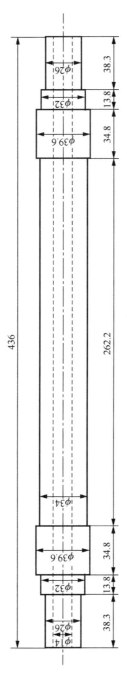

图 5.7　1∶5 空心列车轴尺寸示意图

图 5.8 空心列车轴的楔横轧制模具加工现场　　　图 5.9 空心列车轴的楔横轧制模具

图 5.10　H630 楔横轧机

表 5.2　轧制模具和轧件的相关参数

展宽角 β / (°)			成形角 α / (°)			断面收缩率 ψ /%			转角 θ_1 / (°)	转角 θ_2 / (°)
1 楔	2 楔	3 楔	1 楔	2 楔	3 楔	1 楔	2 楔	3 楔	2 楔	3 楔
5	6.5	6.5	45	45	45	22	22	29/56	1	2

图 5.11　轧制的试验轧件 1∶5 空心轴

　　试验测得 1∶5 空心车轴模型多楔轧制模拟力矩和同样工况下仿真获得的试验轧制力矩如图 5.12 所示。由图 5.12 可知，随着轧制过程的进行，轧制力矩急剧增大，稳定轧制阶段，力矩基本保持水平，最大轧制力矩在展宽段，展宽段结束后，力矩又迅速减小。轧件轧制温度在 1 150℃下，所测得最大的轧制力矩约为 14.3kN·m[图 5.12（a）]，有限元法得到最大值为 15.3kN·m[图 5.12（b）]，误差为 6.5%，因此本节的计算模型是正确的，分析得到的结果是可信的。

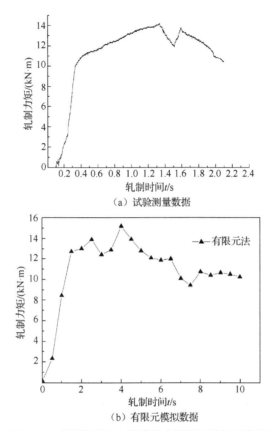

（a）试验测量数据

（b）有限元模拟数据

图 5.12　多楔轧制空心轴模拟力矩和试验轧制力矩

5.5　本章小结

　　本章通过有限元仿真和轧制试验，对空心列车轴多楔轧制过程中，工艺参数对其力能参数的影响进行详细研究，得到的主要结论如下。

　　（1）工艺参数对力能参数的影响规律为随着展宽角的增大，横向力和径向力增大，轴向力减小，轧制力矩增大；随着成形角的增大，径向力、横向力和轧制力矩均相对减小，轴向力增加；模具脱空可显著减少轧制力。

　　（2）进行轧制力矩 1:5 车轴模型轧制试验，测试与仿真结果进行比较，测试结果与模拟结果误差为 7%，进一步验证了仿真模型是可靠的，本章获得的结果是可信的。

参　考　文　献

[1] 赵静,鲁力群,胡正寰. 汽车半轴楔横轧多楔成形力能参数数值模拟与试验[J]. 农业机械学报,2008,36（6）:184-188.

[2] 束学道,彭文飞,聂广占,等. 楔横轧大型轴类件轧制力规律研究[J]. 塑性工程学报,2009,16（1）:102-105.

[3] 邢希东,束学道,胡正寰. 多楔楔横轧位移实时在线测试系统研制[J]. 北京科技大学学报,2004,26（5）:548-550.

[4] 陈秋丽. 抽油机减速器加载测试系统的研究[D]. 哈尔滨:哈尔滨工业大学,2010.

6 空心列车轴楔横轧多楔同步轧制成形质量的控制

由第 2 章可知，楔横轧成形空心列车轴旋转条件较差，轧制过程中空心列车轴横截面容易出现椭圆和壁厚不均现象；另外，多楔同步轧制如何保证长轴部分过渡光滑也是关键。为此，本章通过理论和轧制试验，对椭圆度、壁厚均匀性和长轴过渡光滑进行系统研究，阐明其成因及影响因素，为保证楔横轧多楔同步轧制空心列车轴质量奠定理论基础。

6.1 空心列车轴椭圆度控制

6.1.1 椭圆度的测量方法

楔横轧成形空心列车轴远比楔横轧成形实心列车轴的旋转条件差[1]，轧制过程中空心列车轴横截面容易出现椭圆环，不仅恶化了旋转条件，甚至会出现压扁失稳现象[2-3]，严重影响轧件的成形质量。椭圆度是衡量空心列车轴成形质量的重要参数。国内外技术标准规范对空心钢管的椭圆度都有严格的规定，椭圆度是指空心轴的内径和外径，组成的壁厚均匀的同心椭圆环[4-5]。椭圆度示意图如图 6.1 所示，e 的表达式为

$$e = \frac{2(D_{max} - D_{min})}{D_{max} + D_{min}} \times 100\% \quad (6.1)$$

式中：D_{max} 为椭圆形内孔的最大尺寸；D_{min} 为椭圆形内孔的最小尺寸；e 为椭圆度。

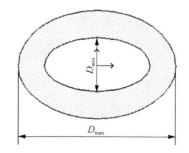

图 6.1 椭圆度示意图

在 DEFORM 后处理中，椭圆的测量只能通过轧件横截面的中心，在后处理中使用直尺测量工具，每隔 5° 测量一组内、外直径值。图 6.2 为 DEFORM 软件

测量椭圆尺寸示意图，每个轧件需要测量 36 个直径值，取最大值和最小值，然后围绕最大值和最小值每隔 1° 测量一个内孔的直径，最后确定 D_{max} 和 D_{min}，通过式（6.1）计算出轧件的椭圆度[6-7]。

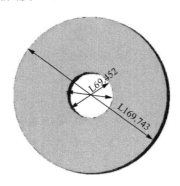

图 6.2　DEFORM 软件测量椭圆尺寸示意图

6.1.2　椭圆研究的工况条件

造成楔横轧成形空心列车轴椭圆度的因素很多，但从应力-应变场特征角度分析，主要是成形过程中轧件的径向压缩和轴向流动不匹配，造成金属切向流动显著、圆周增长，这是椭圆形成的主要原因[8]。

带芯棒和不带芯棒轧制空心列车轴，内孔的金属流动非常不同，部分学者进行了数值模拟和试验研究，其中包括应力-应变分布、轧件的材料流动以及不同工艺参数对椭圆度的影响等[9-14]，这些学术观点都加强了人们对轧制等内径空心轴的进一步研究。但是，不圆、椭圆问题仍然是轧制等内径空心件的主要障碍。

为了研究椭圆产生的机理问题，主要针对该空心列车轴等径长轴段，进行多楔轧制的有限元模拟，如图 6.3 所示。模具主楔的相关参数如表 6.1 所示。中间部分长达 1 311mm 的等径轴段由一个主楔单独完成，此多楔模具展开如图 6.4 所示。多楔轧制等径空心轴段的工艺参数如表 6.2 所示。

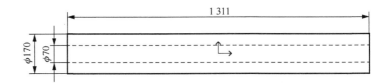

图 6.3　空心列车轴等径长轴段

表 6.1　模具主楔的相关参数

楔顶高 h_1 /mm	楔入段长度 L_{B1} /mm	展宽段长度 L_{B2} /mm	精整段长度 L_{B3} /mm
15.14	101.3	4 386.1	267

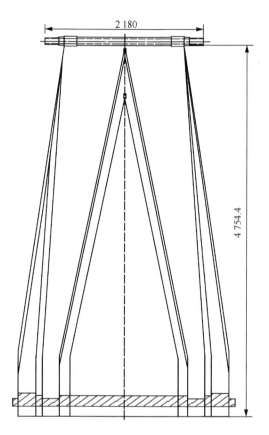

图 6.4　多楔模具展开

表 6.2　多楔轧制等径空心轴段的工艺参数

轧件内、外径 d_0 /mm	轧件温度 T /℃	成形角 α / (°)	断面收缩率 ψ /%	展宽长度 L /mm	主楔展宽角 β / (°)
70，170	1 100	45	28	1 311	5/7

为研究椭圆形成的原因，本章拟按两种工况实现有限元数值模拟：工况 1，展宽角 β_1=5°；工况 2，展宽角 β_2=7°。两种情况下，完成轧件的成形结果如图 6.5 所示。模拟工况 2 的情况出现了椭圆，而模拟工况 1 的情况良好。

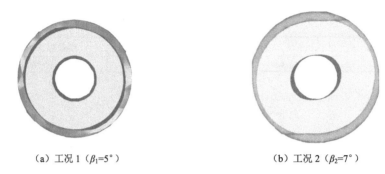

（a）工况 1（β_1=5°）　　　　　　　　　（b）工况 2（β_2=7°）

图 6.5　不同模拟工况的成形结果

6.1.3　椭圆度产生的应变分析

工况 2 出现了明显的椭圆，整个成形过程如图 6.6 所示，外圆被轧楔施加外力后，轧件外径受到压缩，轧件出现椭圆趋势，内径逐渐出现了椭圆，整个截面出现了椭圆环形状。

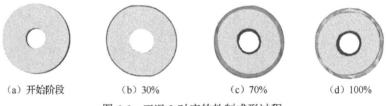

（a）开始阶段　　　　（b）30%　　　　（c）70%　　　　（d）100%

图 6.6　工况 2 对应的轧制成形过程

在工况 2 轧件的左半部分取截面图，在截面图中选取两点，即 P_1 位于圆环内侧，P_2 位于圆环外侧，轧件特征点的位置图如图 6.7 所示，在此为了找到椭圆产生的原因，追踪 P_1、P_2 两个点的应变情况，为了清晰显示轧件的应变特征，本节采用以对称中心截面上轧件圆心为原点的圆柱坐标，即径向 y、横向 x 和轴向 z 为坐标轴，来显示各向的应变发生情况。

图 6.7　轧件特征点的位置图

图 6.8 显示了工况 2 情况下 P_1 和 P_2 在轧制过程中各向应变的变化曲线。

图 6.8（a）中，P_1 和 P_2 均出现了压应变，进入轧制变形区，P_1 和 P_2 压应变随时间的增加越来越大，且 P_1 的压应变 ε_y 大于 P_2 的压应变 ε_y。结论：在径向方向上，轧件内部点的径向压缩变形大于外部点的径向压缩。

图6.8（b）中，内部点P_1是拉应变，外部点P_2开始表现压应变，后来向拉应变过渡。结论：在横向方向上，轧件内部发生拉伸应变，外部由压应变逐渐向拉伸应变过渡。

图6.8（c）中，内部点P_1、外部点P_2均发生拉应变，而且拉应变在开始阶段快速增加，随时间增幅的减缓，P_2大于P_1。结论：轴向方向上，外部的拉伸大于内部的拉伸。

图6.8（d）中，轧件内部点P_1拉伸变形明显大于外部点P_2。

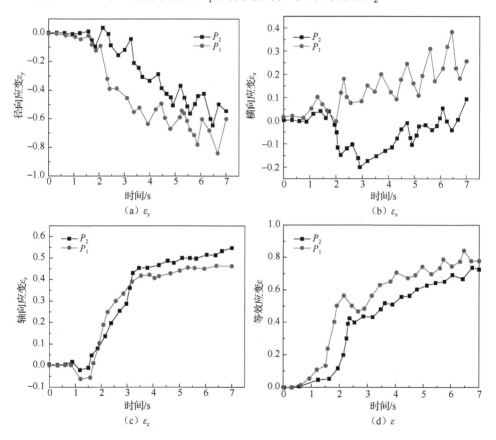

图6.8 工况2（$\beta_2=7°$）情况下P_1和P_2应变变化曲线

可见，在内部芯棒和外部轧楔作用下，轧件一旦径向发生压缩，轧件体积将向横向和轴向流动。横向应变ε_y的大小将决定椭圆的变形程度。

轧件内部流动情况：由以上分析可知，内部发生径向压缩程度大于外部径向压缩程度，轧件内部因芯棒作用，轴向流动条件差，导致延展伸长；内径周长明显增长，上、下方向受模具约束限制，轧件的直径是固定的，所以轧件上出现了椭圆，而且随着周长的增长，椭圆度增大。

　　轧件外部流动情况：开始阶段径向应变和横向应变都是压应变，当内周长增大时，轧件外部不能实现有效的压缩变形，后期阶段横向应变 ε_y 向拉应变过渡，导致外径出现椭圆，且随 ε_y 增加，椭圆变形程度增加。

　　图 6.9 显示了工况 1 的轧制过程中 P_1 和 P_2 的应变变化。工况 1 总体情况各项应变波动不大，递增速度比 P_1 明显要快。

　　图 6.9（a）中，工况 2 的径向应变中 P_1 大于 P_2，且最后精整。各阶段都出现了小幅波动，最终趋于稳定。

　　图 6.9（b）中，工况 2 的横向应变 P_1 的 ε_x 稳定，拉应变数值较工况 1 显著降低。

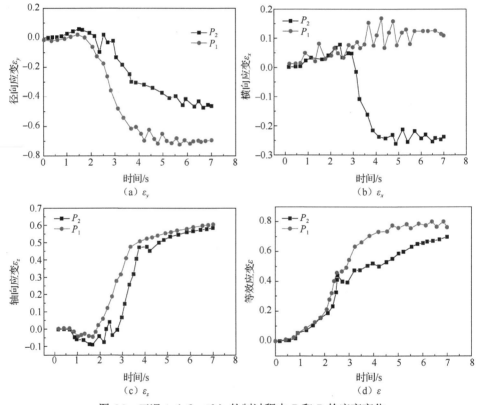

图 6.9　工况 1（$\beta_2=5°$）轧制过程中 P_1 和 P_2 的应变变化

　　可见，工况 1 的径向压缩和轴向延伸都保持了良好的匹配，横向流动减弱，有效控制了横向的延展，从而椭圆程度明显减弱。

　　通过两种模拟工况的应变比较，径向压缩和轴向延伸一定要达到匹配，轴向流动充分，削弱横向流动，椭圆不易产生。

6.1.4　工艺参数对椭圆度的影响规律

　　工艺参数对楔横轧厚壁空心轴不圆度的影响，汪洋等[11]对此进行了部分试验研究和数值模拟，认为轧件横截面失圆是楔横轧成形厚壁空心轴类件常见的质量问题；变形区轧件体积沿轴向的流动受到未变形轧件体积的阻碍，是造成不圆度在轧件的对称面上最大并沿轴向逐渐减小的原因。工艺参数对椭圆度影响规律的分析，以及仿真和正交试验设计的分析，揭示了各种工艺参数对内径空心轴椭圆度的影响，如变截面收缩、展宽角和成形角等，阐明了各因素对椭圆度影响的主次顺序，明确了工艺参数的最优组合[15-16]。

为了研究成形角、展宽角、断面收缩率、轧制温度对椭圆度的影响，本节以等径轴段为研究对象，研究主楔的工艺参数对椭圆度的影响。影响轧件椭圆度的参数选择如表 6.3 所示。

表6.3 影响轧件椭圆度的参数选择

工况	轧制温度 T_0/℃	主楔		断面收缩率 ψ /%	模拟值		
		成形角 α /(°)	展宽角 β /(°)		中心面 D_{max}/mm	中心截面 D_{min}/mm	椭圆度 e /%
1		45	4.5	35	161.3	159.4	1.18
2	1 050	45	4.5	28	170.6	168.5	1.24
3		45	4.5	20	178.6	176.3	1.30
4		40	5	35	162.5	160.5	1.24
5	1 100	40	5	28	170.5	168.3	1.30
6		40	5	20	178.6	176.2	1.35
7		35	7	35	162.1	160	1.30
8	1 200	35	7	28	170.5	168.2	1.36
9		35	7	20	178.9	176.4	1.41

1. 成形角 α 对椭圆度 e 的影响

图 6.10 为成形角 α 对椭圆度 e 的影响。由图 6.10 可知，成形角 α 增大，椭圆度 e 下降。因为成形角对轴向延伸、轧件旋转、轧制力和轧制力矩都有明显的影响。模具的成形角与变形区的轴向力成正比，成形角度越大、轴向力越大，空心轴的变形区的金属越容易沿轴向流动，因此径向的流动相对减少，径向力降低，椭圆率降低。

2. 展宽角 β 对椭圆度 e 的影响

图 6.11 为展宽角 β 对椭圆度 e 的影响。由图 6.11 可知：展宽角 β 增大，椭圆度 e 增大，即增大展宽角，椭圆度 e 会变大，选用较小的展宽角，对轧件的成形质量起积极作用。其原因是展宽角越小，轴向塑性变形区面积越小，轧件与模具沿径向的接触区面积越小，轧制时径向力、切向力增大，轴向力增大，金属流动沿横向流动减少，轧件椭圆化的趋势变弱。

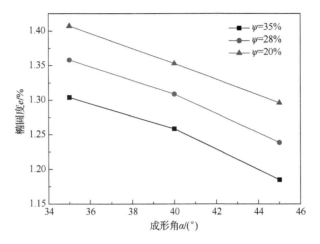

图 6.10　成形角 α 对椭圆度 e 的影响

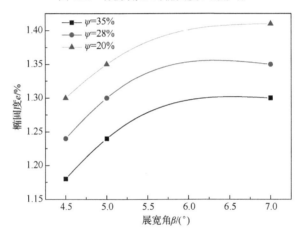

图 6.11　展宽角 β 对椭圆度 e 的影响

3. 断面收缩率 ψ 对椭圆度 e 的影响

图 6.12 为断面收缩率 ψ 对椭圆度 e 的影响。由图 6.12 可知：断面收缩率增大，椭圆度减小。断面收缩率 ψ 的大小决定着轧件体积的流向，本例的等径空心列车轴断面收缩率较大，大的断面收缩率，塑性变形不仅发生在轧件表层，而且深入到轧件内部，表层和内部轧件体积在楔的作用下，轧件体积沿轴向流动延伸，轧件成形椭圆度明显减小。小的断面收缩率，只有表层发生塑性变形，表层轧件体积被楔挤压沿轴向流动，内层轧件体积只在径向和切向受芯棒的反复挤搓，椭圆度明显增加。

4. 轧制温度 T_0 对椭圆度 e 的影响

图 6.13 为轧制温度 T_0 对椭圆度 e 的影响。可见，温度 T_0 越高，椭圆度 e 越大。

因为温度升高，意味着轧件的变形抗力减小，流动性好，变形抗力直接受径向力、切向力的影响，变形抗力越小，径向力、切向力增大，轧件更容易被压扁，椭圆度变大；反之，温度越低，变形抗力变大，径向力、切向力变小，轧件椭圆度变小。

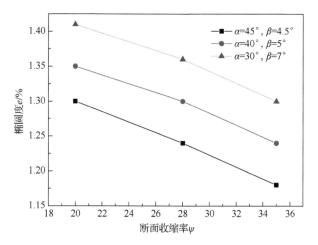

图 6.12 断面收缩率 ψ 对椭圆度 e 的影响

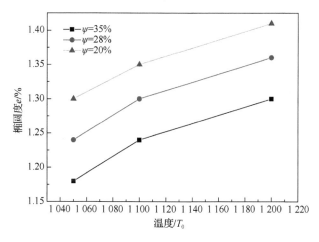

图 6.13 轧制温度 T_0 对椭圆度 e 的影响

6.2 工艺参数对壁厚变化的影响规律

6.2.1 壁厚的测量和计算

使用 DEFORM 有限元点跟踪功能计算壁厚，即将等径段轴向取四个截面 A—A、B—B、C—C、D—D，如图 6.14 所示，在截面圆外圆取 10 个点，内孔取 10

个点，测量一个外径和内径，则内、外半径之差得到壁厚值，每隔 15° 进行一次点测量，取算术平均值作为壁厚，测量四个不同截面的平均壁厚作为最终精确壁厚值。

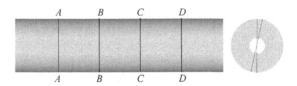

图 6.14　测量空心轴四个典型截面上的壁厚示意图

图 6.15 为变形区内金属流动示意图。为了研究壁厚和工艺参数的关联，壁厚均匀性采用壁厚对比度 λ 衡量，壁厚对比度计算为

$$\lambda = \frac{t_m}{t_1} \tag{6.2}$$

式中：t_m 为空心轴轧后某截面平均壁厚；t_1 为空心轴自由端壁厚，如图 6.15 所示。当 $\lambda \approx 1$ 时，说明轧件接近等壁厚，壁厚均匀性较好，当 $\lambda \leqslant 1$，说明轧件壁厚减薄；当 $\lambda \geqslant 1$，说明轧件壁厚增大。

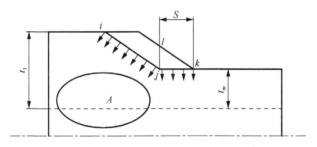

图 6.15　变形区内金属流动示意图

本章介绍的壁厚均匀性，仍采纳表 6.3 的工况研究。测量的空心轴壁厚对比度数据如表 6.4 所示。

表 6.4　空心轴壁厚对比度数据

工况	轧制温度 T_0 /℃	主楔		断面收缩率 ψ /%	模拟值		
		成形角 α /(°)	展宽角 β /(°)		测量 A—A 截面壁厚 t_m /mm	原始壁厚 /mm	壁厚对比度 λ
1	1 050	45	4.5	35	45.65	66	0.913
2		45	4.5	28	50.3	66	1.006
3		45	4.5	20	54.3	66	1.086
4	1 100	40	5	35	46.25	64	0.925
5		40	5	28	50.5	64	1.01
6		40	5	20	54.3	64	1.086

工况	轧制温度 T_0 /℃	主楔		断面收缩率 ψ /%	模拟值		
		成形角 α /(°)	展宽角 β /(°)		测量 A—A 截面壁厚 t_m /mm	原始壁厚 /mm	壁厚对比度 λ
7	1200	35	7	35	47.05	62	0.941
8		35	7	28	50.85	62	1.017
9		35	7	20	54.45	62	1.089

6.2.2 展宽角对壁厚均匀的影响

展宽段是成形等直径长轴段的主要阶段，展宽角决定着展宽段的成形效果。为了研究展宽角对平均壁厚的影响，本节设计了三组模拟工况，以多楔模具主楔的展宽角为主，设定三种不同的展宽角 β_1（4.5°、5°和7°），其他参数不变，观察壁厚对比度的变化。

模具的瞬时展开量为 S，其计算为

$$S = \pi r_k \tan\beta \tag{6.3}$$

式中：r_k 为轧件滚动半径。由式（6.3）可见，β 增大，瞬时展宽量增大。由图 6.15 可知，β 越大，S 越大，则径向流动的金属越多，壁厚就越大；区域 A 中的轧件轴向流动就越容易，这样对壁厚均匀性是积极的。

图 6.16 是不同展宽角纵向截面壁厚均匀性分析图。图 6.16（a）证明：展宽角增大，轧件壁厚对比度呈增大的趋势，壁厚对比度在 0.94～1.01 变动，说明壁厚均匀性较好。壁厚方差值从另一个角度体现了壁厚的波动范围，图 6.16（b）壁厚方差值 S 控制在 1.40～1.44。可见，在整个长度段壁厚是相对均匀的。

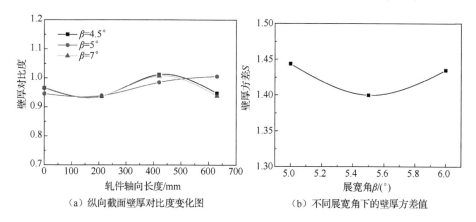

（a）纵向截面壁厚对比度变化图　　（b）不同展宽角下的壁厚方差值

图 6.16　不同展宽角纵向截面壁厚均匀性分析图

6.2.3　成形角对壁厚均匀的影响

　　成形角对旋转条件、稳定轧制条件以及轧制压力和力矩都有影响。本节设计了三组模拟工况，其他参数不变，变化主楔成形角 α（35°、40°和45°），以轧件的中心为起点，取空心轧件的 1/2 分析壁厚的变化规律。

　　在成形过程中，随着 α 的增大，壁厚有随之减小的趋势，且壁厚均匀性越好。因为成形角 α 越小，轴向力就越小，金属越不易轴向流动，导致径向流动的金属堆积，使壁厚增大，轧件在轧制过程出现金属堆积，导致壁厚不均匀。成形角 α 越大，越有利于轴向金属的轴向流动，径向金属流动相对减少，变形区壁厚减小。

　　图 6.17 为不同成形角纵向截面壁厚均匀性分析图。由图 6.17（a）可知，空心轴在轧制后，轴向方向上的壁厚值变化范围在 $50^{0.5984}_{-1.7322}$ mm 内，壁厚变化值保持在 0.99%～2.8%。图 6.17（b）所示壁厚方差 S 控制在 1.39～1.44。可见，有限元模拟空心轧件在整个壁厚的均匀性，基本上保持一致。

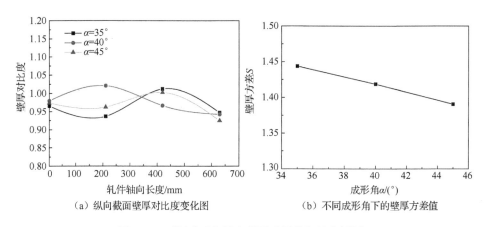

（a）纵向截面壁厚对比度变化图　　　　（b）不同成形角下的壁厚方差值

图 6.17　不同成形角纵向截面壁厚均匀性分析图

6.2.4　断面收缩率对壁厚均匀的影响

　　图 6.18 为不同断面收缩率对壁厚对比度的影响。从图 6.18 中可以看到，随着断面收缩率的增大，壁厚对比度 λ 减小。这说明空心轴成形过程中变形量越大，毛坯壁厚减薄量增大。另外由图 6.18 还可以得到，原始壁厚 t_0 越大，随着断面收缩率的增大，壁厚对比度下降趋势加剧。

　　综上所述，壁厚与工艺参数具有很直接的影响关系。成形角 α 越大，成形区壁厚减小，壁厚均匀性越好；展宽角 β 越大，壁厚均匀性越好。随着断面收缩率 ψ 的增大，壁厚对比度 λ 减小。

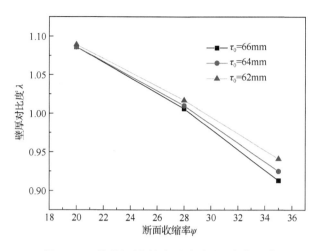

图 6.18　不同断面收缩率对壁厚对比度的影响

6.3　空心列车轴多楔轧制长轴过渡段的光滑规律

6.3.1　长轴段光滑过渡判断方法

采用 3 楔同时楔入，且侧楔有斜台阶的起楔的成形方式，这样可以在内外楔共同作用下实现长轴段的过渡光滑连接。在楔横轧成形空心等直径长轴段时，由于过渡段的原因，轧件过渡段容易发生折叠，那么金属轧件在多楔模具的作用下被反复碾压，导致轧件在径向和横向出现大的变形，而在轴向产生较小的变形，因此容易出现过渡段椭圆化趋势严重的情况。为了更好地衡量空心长轴段过渡段光滑程度，采用将过渡段横截面的最大尺寸和理论上的轧后尺寸的差值一半作为轧件光滑程度的参考依据[17]。Δh 由式（6.4）确定。很显然，Δh 越小，说明空心轧件过渡段的光滑程度越好。

$$\Delta h = \frac{d_{\max} - d_{\mathrm{norm}}}{2} \tag{6.4}$$

式中：$d_{\max}$ 为轧件最大直径；d_{norm} 为轧后理论直径。

图 6.19 为 DEFORM-3D 后处理中直径测量。DEFORM-3D 后处理中没有直接测量最大直径的功能，因此为了测出最大直径，可采用该有限元软件的直尺功能，即通过该轧件的截面的对称中心，每隔 10° 进行测量，如图 6.19 所示，在测得的数值中取最大值的直径，再在这个最大值周围每隔 1° 进行测量，则测量出来直径中数据最大值即为该轧件的最大直径。

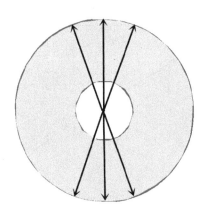

图 6.19　DEFORM-3D 后处理中直径测量

6.3.2　表面光滑过渡程度影响因素分析

等直径长轴段是否光滑过渡是衡量空心车轴质量的重要指标之一，其影响因素除了模具的展宽角、成形角和断面收缩率等一般工艺参数外，本节主要研究多楔偏转角、过渡角和轧齐曲线对整个轧件质量的影响。

1. 多楔偏转角对长轴光滑过渡段的影响

如果选取的偏转角过大，容易出现螺旋切口，因为侧楔偏转角过大，会导致在侧楔和主楔之间的有多余的来不及轴向流动的金属，这部分金属在主楔的反复挤压下，则形成了螺旋切痕，如图 6.20 所示。

图 6.20　螺旋切痕

偏转角过小的话，容易出现局部堵料现象，如图 6.21 所示。

图 6.21　局部堵料现象

2. 过渡角对长轴光滑过渡段的影响

过渡角 γ 是多楔模具设计的一个重要参数，在进行 3 楔等轧制等直径空心轧件时，让模具的侧楔偏转一侧做一个"V"形的成形槽的斜台阶，这样侧楔在避让主楔转移金属的同时，使主楔和侧楔衔接的部分成形一个圆锥台阶，这样能够在主侧楔进行衔接时，不会出现存在垂直的台阶被主楔压下而导致出现折叠和重皮等表面质量的缺陷，如图 6.22 所示。为了研究过渡角对整个过渡段的影响规律，我们采用表 6.5 中对过渡角在 35°、45°、55° 和 65° 时的过渡情况进行模拟分析。过渡角对光滑程度的影响规律如图 6.23 所示。从图 6.23 中可以得知，随着过渡角的增加，过渡段光滑程度变差。

表 6.5 模拟参数

成形角 α / (°)	展宽角 β / (°)	端面收缩率 ψ /%	轧件坯料直径 /mm	轧辊直径 /mm	过渡角 γ / (°)
45	5	26.3	202	1 600	35，45，55，65

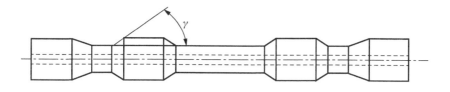

图 6.22 过渡角

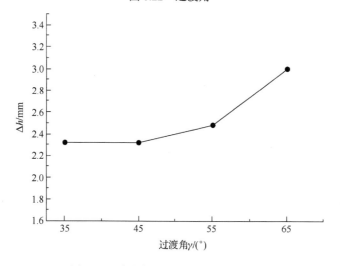

图 6.23 过渡角对光滑程度的影响规律

为了能够准确分析过渡角变化导致光滑程度变化的原因，结合过渡段截面的轴向应变进行分析。图 6.24 为不同过渡角下的过渡段应变，由四个截面可知，在靠近侧楔的过渡段截面上内部轴向应变沿壁厚方向向外逐渐减小，且截面周围的叠皮现象不严重，其产生的原因是因轧件内外层流动速度不均匀，在靠近外楔那一侧的速度小，靠近主楔一侧的速度大，这样就在模具的作用下，容易产生叠皮。在过渡角 35°～45°，截面外层轴向移动存在较大空隙，所以轧件外层超过内层而产生折叠堆积的时间较晚，叠皮产生较小。在过渡角 55°～65°，轧件外层和内层轴向相差位移不大，随着轧制的深入，轧件外层很容易超过内层，进而发生折叠，产生碾压现象，形成叠皮，导致过渡段不光滑。因此选取过渡角时，在满足成形的基础上，尽量要选小的过渡角。

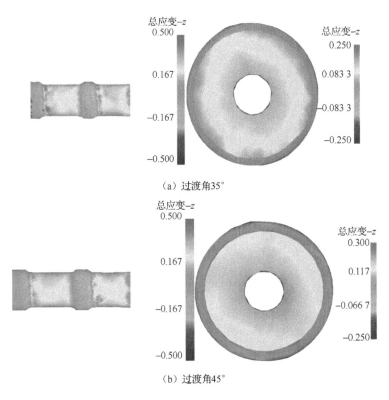

图 6.24　不同过渡角下的过渡段应变

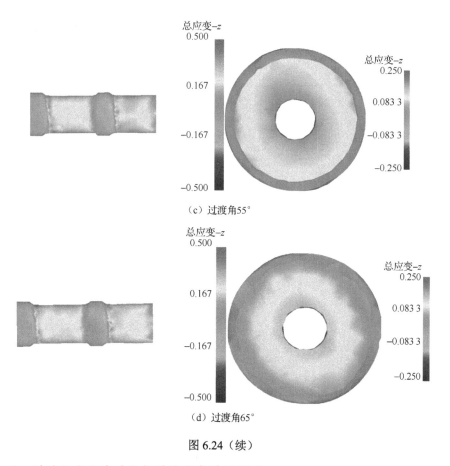

（c）过渡角55°

（d）过渡角65°

图 6.24（续）

3. 过渡轧齐曲线对长轴过渡段光滑的影响

由于在模具设计过程中，往往因偏转角计算的偏差和流动的复杂性，车轴在成形的最后阶段容易在等直径长轴段上出现轧不尽现象，如图 6.25 所示。

图 6.25 等直径长轴段未轧尽部分

等直径长轴段上出现轧不尽的深层次原因，在于轧件内外流动性速度不均匀，但模具在选取偏转角时，为了模具加工的方便，只能选取一定的偏转角，这样就导致在楔入段和展宽段前期时，侧楔不能及时避让轧件，台阶处被碾压，而在展宽段后期到精整段之前，轧件流动速率又无法赶上模具偏转的速度，这样导致中间长轴段等直径处被拉伸，而出现壁厚变薄，导致壁厚不均匀的缺陷。为此，将模具过渡段楔通过轧齐曲线进行修改，如图 6.26 所示，显示其过渡段更光滑，成形效果较好，有效控制了长轴的表面质量。

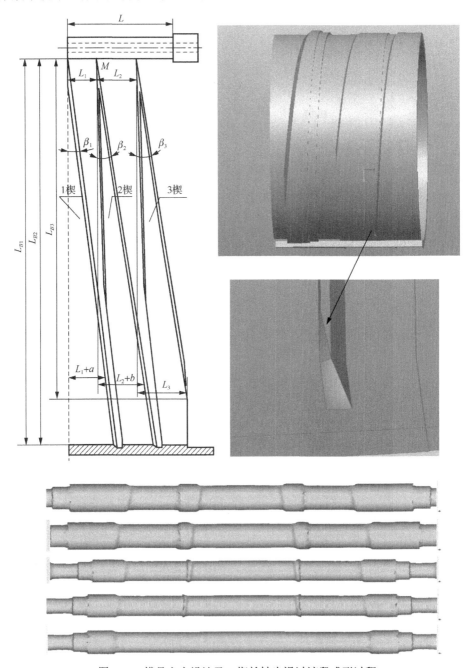

图 6.26　模具方案设计及 3 楔长轴光滑过渡段成形过程

6.4　空心列车轴椭圆度试验

6.4.1　试验安排

为了验证在轧制空心列车轴有限元数值模拟中得出的成形椭圆的影响规律，其参数选择如表 6.6 所示。在椭圆度的试验中，模具主楔成形角和展宽角都保持不变，需研究以下内容：①以等径轴段为研究对象，调节两轧辊之间的距离，变化断面收缩率，空心列车轴的椭圆度测量方法及空心列车轴椭圆轧件，如图 6.27 所示；②变化初始加热温度，分别加热到不同温度，再进行轧制试验，观察温度对椭圆度的影响。

表 6.6　影响轧件椭圆度的参数选择

试验	轧制温度 T_0 /℃	断面收缩率/%	试验值/mm		椭圆度 e/%
			D_{max}	D_{min}	
1	1 050	35	32.6	31.9	2.2
2		28	34.2	32.9	3.9
3		20	35.8	32.8	8.7
4	1 100	35	33.6	32.4	3.6
5		28	34.2	32.6	4.8
6		20	36.6	32.6	11.7
7	1 200	35	32.8	31.4	4.3
8		28	34.6	32.2	6.5
9		20	36.3	31.8	13.2

注：$e = \dfrac{2(D_{max}-D_{min})}{D_{max}+D_{min}} \times 100\%$，其中 D_{max} 为轧件最大外径，D_{min} 为轧件最小外径。

图 6.27　椭圆度测量方法及空心列车轴椭圆轧件

6.4.2　试验结果与分析

在主楔成形角 $\alpha = 45°$、展宽角 $\beta = 5°$ 参数下，调整轧辊的中心距，按 20%、28%和 35%变化断面收缩率轧制空心列车轴，测量对应轧件等径轴段中心截面的最大外径和最小外径，测量后数据见表 6.6 的实测值。根据试验数据得知：断面收缩率越大，椭圆度越低；改变轧制温度，随温度升高，空心列车轴外径尺寸普遍变大，椭圆度明显增大。

轧件的直径压缩和轴向延伸不匹配，导致被轧制的部分是椭圆形的，不能获得足够的轴向流动，并且它被迫沿切线方向流动，导致周长变大。试验发现，温度在 1 050～1 100℃，断面收缩率取值在 28%～35%，椭圆度较低，可有效控制成形过程中轧件的切向流动，以避免轧件椭圆形的出现。这个试验结果与模拟效果是一致的。

6.5　空心列车轴壁厚均匀性试验

该试验采纳的轧制相关参数如表 6.7 所示[18]，对轧制温度 $T_0 = 1\,100°$、成形角 $\alpha = 45°$、展宽角 $\beta = 5°$、断面收缩率 $\psi = 28\%$的轧件的四个截面的壁厚对比度进行了测算。

表 6.7　轧制模具和轧件的相关参数

空心列车轴外径 d_0/mm	空心列车轴内径 d/mm	空心列车轴长度/mm	芯棒直径/mm	轧辊直径/mm	轧辊转速/（r/min）
40	12	330	11.5	620	8

注：$\psi = \dfrac{d_0^2 - d_1^2}{d_0^2} \times 100\%$，其中 d_0 为轧件轧前外径，d_1 为轧件轧后外径。

在等径长轴段利用线切割方法切割四个横截面，如图 6.28 所示，切割过渡段得到截面 A—A 和 D—D，在中间段等距切割 B—B 和 C—C 截面，然后在每个截面上测量平均壁厚，计算壁厚对比度。从表 6.8 中可以看出，仿真壁厚对比度与试验壁厚对比度数据接近，说明所建有限元模型是正确的。

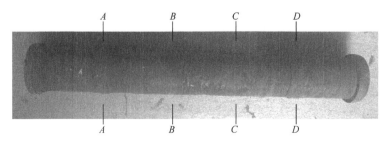

图 6.28　等内径段的四个切割截面

表 6.8 空心列车轴壁厚试验对比度与仿真对比度的比较

截面	A—A	B—B	C—C	D—D
试验值	1.17	1.40	1.45	1.35
模拟值	1.01	1.30	1.36	1.05

6.6 本 章 小 结

本章采用理论与试验相结合的方法，对楔横轧多楔同步轧制空心列车轴存在的椭圆度、壁厚均匀性和长轴部分过渡光滑三个关键问题进行了系统研究，阐明其产生的原因及影响规律，为控制空心列车轴轧制成形质量提供理论依据。其主要结论如下。

（1）跟踪横截面特征点 P_1、P_2 的端面流动，从径向、横向和轴向分析了两个特征点各向应变的变化规律，阐明了多楔同步轧制空心列车轴的椭圆度形成的机理。

（2）得到了工艺参数对椭圆度的影响规律。成形角 α 越大，椭圆度 e 下降；展宽角 β 增大，椭圆度 e 增大；断面收缩率 ψ 增大，椭圆度 e 减小；温度 T_0 越高，椭圆度 e 越大。

（3）得到了工艺参数对壁厚对比度的影响规律。成形角 α 越大，成形区壁厚减小，壁厚均匀性越好；展宽角 β 越大，壁厚均匀性越好。断面收缩率 ψ 的增大，壁厚对比度 λ 减小。

（4）分析了过渡角对过渡光滑的影响规律。过渡角越大，过渡光滑质量越差；给出了多楔轧制等直径精整段时期的模具轧齐曲线设计方案，解决了轧不尽现象的产生。

参 考 文 献

[1] 梁继才，任广升，贾正锐，等. 空心件楔横轧旋转条件的研究[J].吉林工业大学学报，1993，23（3）：100-105.

[2] 张康生，刘晋平，王宝雨，等. 楔横轧空心件稳定轧制条件分析[J]. 北京科技大学学报，2001，23（2）：155-157.

[3] 梁继才，任广升，白志斌，等. 空心件楔横轧压扁失稳分析[J]. 吉林工业大学学报，1996，26（1）：42-47.

[4] 杨斌，练章华，史勇，等. 壁厚椭圆度缺陷对膨胀套管性能的影响[J]. 石油矿场机械，2008，37（10）:15-19.

[5] 尹传发. 高压弯管制作对椭圆度及外侧壁厚减薄量的控制[J]. 石油化工建设，2007，29（4）:63-66.

[6] 孟令博，张康生，刘文科，等. 楔横轧小断面收缩率轴类件的椭圆度研究[J]. 北京科技大学学报，2012，34（5）：571-575.

[7] 王景樑. 楔横轧静整变形规律及精密整形模具设计理论研究[D]. 北京：北京机电研究所，1999.

[8] 杨翠苹，张康生，胡正寰. 两辊楔横轧等内径空心轴产生椭圆原因的数值模拟研究[J]. 北京科技大学学报，2012，34（12）:1426-1431.

[9] 梁继才，任广升，白志斌，等. 空心件楔横轧压扁失稳的试验研究[J]. 吉林大学学报，1994（4）:78-81.

[10] 梁继才，任广升，白志斌，等. 空心件楔横轧参数对轧件壁厚变化的影响[J]. 农业机械学报，1996（1）:108-111.

[11] 江洋，王宝雨，胡正寰，等. 工艺参数对楔横轧厚壁空心轴不圆度的影响[J]. 塑性工程学报，2012（1）:21-24.

[12] 杜凤山，汪飞雪，杨勇，等．三辊楔横轧空心件成形机理的研究[J]．中国机械工程，2005，16（24）：22-42.

[13] 徐广春，任广升，邱永明．等内径管形件的楔横轧工艺[J]．锻压技术，2005（增刊1）：51.

[14] 汪飞雪．三辊楔横轧轴类件成形机理数值模拟及试验研究[D]．秦皇岛：燕山大学，2005.

[15] 虞春杰,彭文飞,沈法,等．楔横轧变断面收缩率等内径空心轴的椭圆度分析[J]．热加工工艺，2015(3):145-149.

[16] 虞春杰．楔横轧变截面等内径空心轴类件成形工艺研究[D]．宁波：宁波大学，2014.

[17] 束学道，闫波，等.楔横轧楔入段端面移动量规律[J].机械工程学报，2009（1）：131-134.

[18] 郑书华，束学道，孙宝寿，等．楔横轧多楔轧制高铁空心车轴壁厚均匀性[J]．工程科学学报，2015(5):648-654.

7 空心列车轴楔横轧多楔同步轧制微观成性的控制

本章在第 2 章建立的 25CrMo4 钢黏塑性本构方程的基础上，通过楔横轧空心列车轴微观组织数值模拟，阐述 25CrMo4 钢空心列车轴轧制过程中楔入段、展宽段和精整段的微观组织演变规律，揭示工艺参数对 25CrMo4 钢空心列车轴平均晶粒尺寸的影响规律，为获得空心列车轴多楔轧制良好微观性能及合理确定工艺参数提供理论依据。

7.1 空心列车轴多楔同步轧制应变速率场的分布

应变速率 $\dot{\varepsilon}$ 是变形程度对时间的变化速率，它是影响微观组织动态再结晶演变过程和最终晶粒尺寸大小与分布情况的关键因素之一，且决定金属热变形过程能否发生动态再结晶[1-2]。针对空心列车轴，分析 2 楔和 3 楔各个轧制阶段轧件应变速率场的分布情况，为研究微观组织动态再结晶演变过程及研究晶粒尺寸大小及分布情况奠定理论基础。

7.1.1 二楔同步轧制空心列车轴应变速率场分布

二楔同步轧制空心列车轴过程的典型阶段有：①1 楔、2 楔同时楔入；②1 楔、2 楔同时展宽；③1 楔展宽，2 楔展宽Ⅳ轴段；④精整段。上述四个阶段，空心轧件将发生径向压缩、轴向延伸和横向扩展变形，轧件在每个阶段里发生的变形也较为复杂，故轧件的等效变形速率也不相同。

1. 1 楔与 2 楔同时楔入段

图 7.1 为 1 楔、2 楔楔入阶段的等效应变速率分布场。从图 7.1 中可以看出，在 1 楔、2 楔楔入阶段时，轧件的应变速率主要发生在与轧辊接触区域，轧件其他区域几乎没有发生变形，故应变速率也为零。

图 7.1（a）为轧件纵向等效应变速率场分布。轧件纵向应变速率主要发生在与 1 楔、2 楔轧辊接触区域。由于 1 楔、2 楔的楔入，轧件在与轧辊接触区域发生径向延伸形变，因此纵截面显示该区域出现较大应变速率；由于轧件在楔入段仅发生局部应变，其他区域的应变速率为零。图 7.1（b）示出空心轧件与 1 楔接触区域，由于轧辊和芯棒的共同作用，轧件发生较大变形，变形速率贯穿整个横截面。图 7.1（c）示出轧件与 2 楔接触区域，与轧辊接触部分发生较大变形，与芯棒接触区域发生较小变形，故该区域的等效应变速率由外至内逐渐减小。

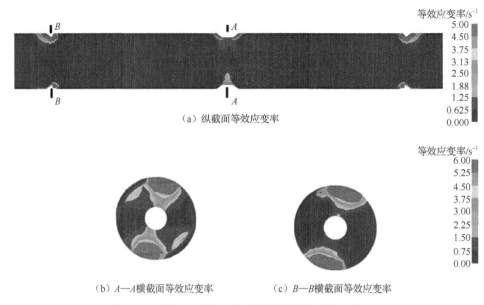

（a）纵截面等效应变率

（b）A—A横截面等效应变率　　　（c）B—B横截面等效应变率

图 7.1　1 楔、2 楔楔入阶段的等效应变速率分布场

2. 1 楔与 2 楔展宽段

图 7.2 为 1 楔、2 楔同时展宽阶段的等效应变速率分布场。空心轧件主要变形发生在展宽阶段，从图 7.2 中可以看出，轧件与轧辊接触部位等效应变速率较大，已完成变形和未发生变形区域等效应变速率较小，部分区域为 0。

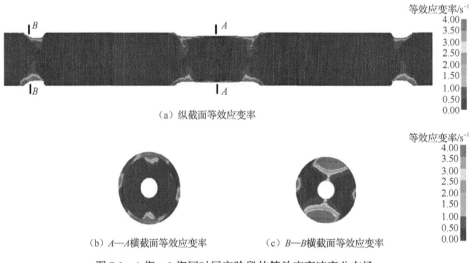

（a）纵截面等效应变率

（b）A—A横截面等效应变率　　　（c）B—B横截面等效应变率

图 7.2　1 楔、2 楔同时展宽阶段的等效应变速率分布场

图 7.2（a）反映 1 楔、2 楔展宽段纵向等效应变速率场，轧件表面与 1 楔和 2 楔接触部分应变速率较大，其接触点的应变速率最大值可达 $10s^{-1}$，距离接触点越

远应变速率值越小。由于在展宽阶段，轧件受到模具和芯棒共同作用力大，发生较大变形，这些变形又在很短的时间内完成，与模具的接触区等效应变速率较大；图 7.2（b）是对称截面的等效应变速率场，由图可知，中心截面已成形完毕，轧辊辊面与轧件表面只有少许接触，产生较小的应变速率；图 7.2（c）为 2 楔成形横截面的等效应变速率场，该区域发生主要变形，因此具有较大的应变速率，随着远离接触区域，其应变速率逐渐减小。

3. 1 楔展宽与 2 楔展宽IV轴段

图 7.3 是 1 楔展宽、2 楔展宽IV轴段的等效应变速率分布场。在这一阶段里，长轴段持续被展宽，III轴段完成轧制成形，IV轴段进入展宽段，因此最大应变速率发生在与轧辊表面接触区域。其他部位的等效应变速率较小。

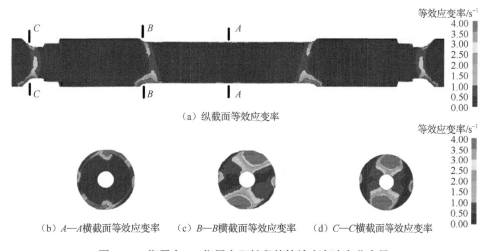

（a）纵截面等效应变率

（b）A—A横截面等效应变率　　（c）B—B横截面等效应变率　　（d）C—C横截面等效应变率

图 7.3 1 楔展宽、2 楔展宽IV轴段的等效应变速率分布场

图 7.3（a）为空心轧件纵向等效应变速率，由图可以看出，仅轧件表面与轧辊接触区域有较大的应变速率；图 7.3（b）为中心截面的等效应变速率，由于轧辊成形面远离对称中心面，轧件表面与轧辊有少许接触，受到的应力不大，等效应变速率很小；图 7.3（c）为 B—B 横截面等效应变速率，轧辊的成形面持续展宽，轧件受到较大的等效应力，发生较大的变形，这些变形都在短时间内完成，因此具有较大的等效应变速率，从外至内等效应变速率减小；图 7.3（d）为 C—C 横截面等效应变速率，由于IV轴段的断面收缩率较大，在轧制成形过程中，会发生较大的变形，由内径受到芯棒的作用，横截面整体发生较大的等效应变速率，而与轧辊接触的区域应变速率值为最大。

4. 精整段

图 7.4 为二楔轧制空心列车轴精整段等效应变速率分布场。在精整阶段里，

轧件已完成基本轮廓的成形，在这一阶段里，轧件受到的应力和应变较小，不发生较大的变形，因此轧件的等效应变速率较小。

图 7.4（a）为纵向等效应变速率分布，由图可以看出，轧件整体等效应变速率较小，这是因为精整阶段轧件不发生较大的变形，故整体的等效应变速率较小，仅在与轧辊接触表面出现很小的等效应变；图 7.4（b）为对称中心面等效应变速率，横截面上几乎没有发生变形，故该截面上的等效应变速率几乎为零；图 7.4（c）为 B—B 横截面等效应变速率，由于轧件表面与轧辊有接触，轧件受到轧辊较小的作用力，在接触区域存在很小的等效应变速率，内径上几乎不存在等效应变速率；图 7.4（d）为 C—C 横截面等效应变速率，由于该轴段的断面收缩率最大，等效应变速率较其他区域大，空心轧件内径局部区域存在较小的等效应变速率。

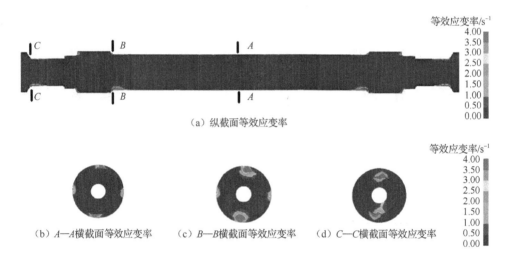

（a）纵截面等效应变率

（b）A—A横截面等效应变率　　（c）B—B横截面等效应变率　　（d）C—C横截面等效应变率

图 7.4　二楔轧制空心列车轴精整段等效应变速率分布场

7.1.2　三楔同步轧制空心列车轴应变速率场分布

三楔同步轧制空心列车轴过程的四个典型阶段为：①三楔同时楔入段；②三楔同时展宽段；③1 楔、2 楔展宽，3 楔展宽Ⅳ轴段；④精整段。为了能够说明三楔同步轧制空心列车轴的应变速率变化情况，分别对空心轧件不同阶段的等效应变速率进行分析，分析其应变速率分布情况及原因。

1.　三楔同时楔入段

图 7.5 为三楔同时楔入段等效应变速率分布场。由图 7.5 可以看出，该阶段空心轧件的等效应变发生在与轧辊接触的局部区域，其他部位基本没有等效应变速率。

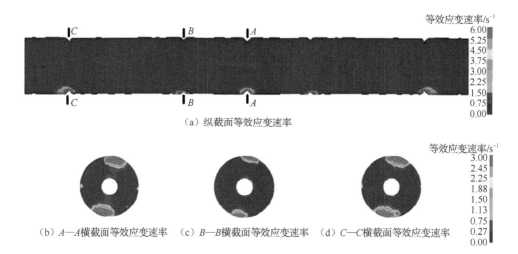

（a）纵截面等效应变速率

（b）A—A横截面等效应变速率　　（c）B—B横截面等效应变速率　　（d）C—C横截面等效应变速率

图 7.5　三楔同时楔入段等效应变速率分布场

图 7.5（a）为轧件纵向等效应变速率，由于 3 楔与轧件刚发生接触，轧辊对工件的作用力较小，仅在接触区出现较小的应变速率；图 7.5（b）为对称中心面上等效应变速率，1 楔与轧件表面接触对轧件施加较大的径向力，同时芯棒支持力作用，使对称中心面上的变形增大，因此与轧辊和芯棒接触区域存在较大的等效应变速率；图 7.5（c）为 2 楔楔入横截面的等效应变速率，2 楔刚楔入作用力较小，变形也较小，此时等效应变速率仅发生在与轧辊接触的局部区域；图 7.5（d）为 3 楔楔入段横截面等效应变速率，3 楔轧制轴段的断面收缩较大，因此产生的等效应变速率较 2 楔大，但发生等效应变也只在轧件的局部区域。

2. 三楔同时展宽段

三楔同步轧制空心列车轴的成形主要发生在这个阶段，图 7.6 为三楔同时展宽阶段等效应变速率分布场。

图 7.6（a）为空心轧件纵向等效应变速率，由图可以看出，仅与轧辊接触部位存在等效应变速率，已完成轧制部分和未变形部位几乎不存在等效应变值；图 7.6（b）为对称中心面等效应变速率，轧辊已完成该轴段轧制成形且渐渐远离，受到的应力较小，因此等效应变速率较小；图 7.6（c）为 2 楔展宽阶段横截面等效应变速率，轧辊成形面与轧件表面接触，轧件主要发生径向压缩、轴向延伸变形，轧辊、芯棒和导板的同时作用，使轧件受到的应力较大，出现较大的变形，这些变形在短时间内完成，因此会出现较大的等效应变速率；图 7.6（d）为 3 楔展宽Ⅲ轴段等效应变速率，此阶段轧件的径向压缩变形较大，因此等效应变速率在接触区域存在极大值，最大值达到 15s^{-1}。

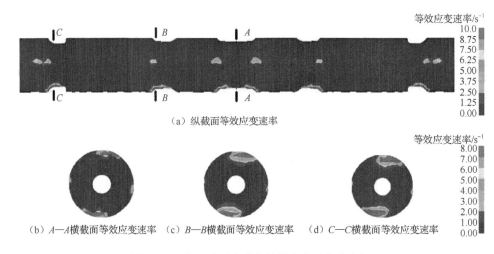

（a）纵截面等效应变速率

（b）A—A横截面等效应变速率　（c）B—B横截面等效应变速率　（d）C—C横截面等效应变速率

图 7.6　三楔同时展宽阶段等效应变速率分布场

3. 1 楔、2 楔展宽，3 楔展宽 IV 轴段

图 7.7 为 1 楔、2 楔持续展宽长轴段，3 楔展宽 IV 轴段时等效应变速率分布场。从图 7.7 中可以看出，此时最大等效应变速率发生在与轧辊接触区域，然而不同区域受力不同和变形不同，其变形速率也不相同。图 7.7（a）为纵向等效应变速率，与前一阶段相比，长轴段上的等效应变速率值几乎相同，且仅发生在与轧辊接触的局部区域，横截面上的分布情况也基本相同，最大应变速率值为 $10s^{-1}$，如图 7.7（b）和（c）所示；图 7.7（d）为轧制最小直径段时横截面等效应变速率，明显较其他轴段受到的应变速率值大，是由于此轴段断面收缩率大，在等时间内发生变形量大，其应变速率最大值可达 10^{1} 数量级，离接触点越远，应变速率值越小。

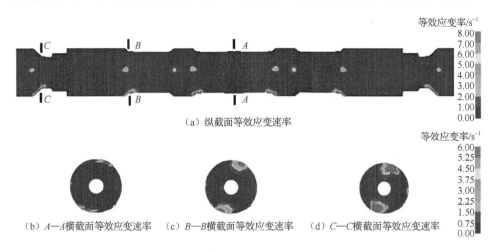

（a）纵截面等效应变速率

（b）A—A横截面等效应变速率　　（c）B—B横截面等效应变速率　　（d）C—C横截面等效应变速率

图 7.7　1 楔、2 楔持续展宽长轴段，3 楔展宽 IV 轴段时等效应变速率分布场

4. 精整段

精整段主要将轧件的全部尺寸精度与表面粗糙度精整后，达到产品的最终要求，轧件在精整段基本不发生变形，图 7.8 为精整段等效应变速率分布场，可知在这一阶段里轧件应变速率值很小。

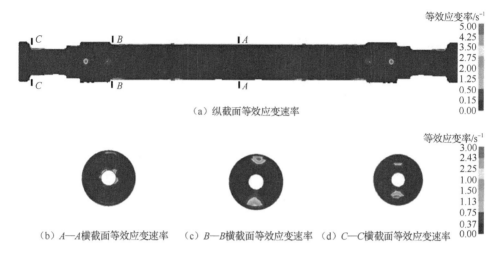

（a）纵截面等效应变速率

（b）A—A横截面等效应变速率　　（c）B—B横截面等效应变速率　　（d）C—C横截面等效应变速率

图 7.8　精整段等效应变速率分布场

图 7.8（a）为精整段纵向等效应变速率，由图可以看出，轧件应变速率值几乎为零；图 7.8（b）为对称中心面等效应变速率，外径已完成轧制成形，不发生变形，然而内径因芯棒作用，使内径出现较小变形，因此中心面上仅内径出现比较小的应变速率值；图 7.8（c）和（d）分别反映 2 楔和 3 楔精整轧件横截面等效应变速率，由图可以看出，轧件仅在局部接触区域出现等效应变速率，这是因为轧辊与轧件表面持续接触，产生压应变，这一阶段轧件总体等效应变速率值较小。

7.2　空心列车轴多楔同步轧制温度场分布

从微观上来讲，温度是反映物体分子热运动的剧烈程度[3]，是影响物体热变形的主要因素之一。楔横轧过程中存在的热量变化包括塑性功能转化关系，如轧件外表面与环境空气发生对流、辐射传热，轧件与轧辊接触热传导，以及轧件与轧辊摩擦生热等。在楔横轧过程中考虑温度对整个变形过程的影响，能提高宏观力学衡量指标数值计算的准确度，同时还利于准确研究轧制过程微观组织的演变规律。

7.2.1　二楔轧制空心列车轴温度场模拟分析

图 7.9 为二楔轧制空心列车轴过程中纵向截面的温度分布。空心列车轴坯料初始温度值设置为 1 050℃。从轧制成形不同阶段可以看出，楔入段接触摩擦产生的热量较小，轧件的整体温度较初始温度变化不大。展宽段产生的热量较多，因为成形主要发生在这一阶段，由变形产生的能量远大于热交换和辐射损失的能量，所以展宽段轧件变形区域的温度远高于初始温度。随着轧制的进行，已完成轧制成形部位的温度由热交换和辐射损失部分热量，温度会有所下降。

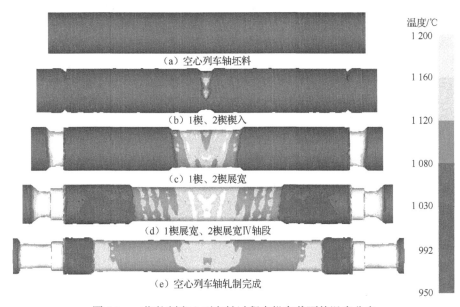

图 7.9　二楔轧制空心列车轴过程中纵向截面的温度分布

从图 7.9 中可以看出，轧件外表面与模具表面接触区域因接触传热而导致轧件外表面的温度有所下降，轧件与楔形接触部位因接触摩擦生热使该区域内的温度有所上升，上升的温度远大于热传导造成的热损失，因此与楔形接触区域温度高于轧件表面其他区域温度。空心轧件内径上的温度变化不大，主要是因为内径与芯棒接触导热损失部分热量，而轧件与芯棒接触使轧件内径发生局部变形，由于塑性功转化为热能而使温度有所上升，这些上升的温度刚好与热传导损失的热能相抵消，轧件内径的温度变化不大。轧件最大直径 II 轴段温度约为 1 030℃，因为轧件与轧辊表面接触发生对流、辐射传热，这部分外形几乎不发生变形，与轧辊接触摩擦产生的热量不大，所以温度较初始轧制温度有所下降。轧件最小直径 IV 轴段的温度较初始轧制温度升高，该区域内平均温度达到 1 200℃，因为该轴段断面收缩率较大，轧制过程中轧件的变形较大，与轧辊接触摩擦产生的热量较多的缘故。

7.2.2   三楔轧制空心列车轴温度场模拟分析

1.   三楔轧制过程温度场变化规律

图 7.10 为空心轧件在三楔轧制不同阶段纵截面上的温度分布。可以看出，楔入段温度变化规律与二楔轧制楔入段基本相同。

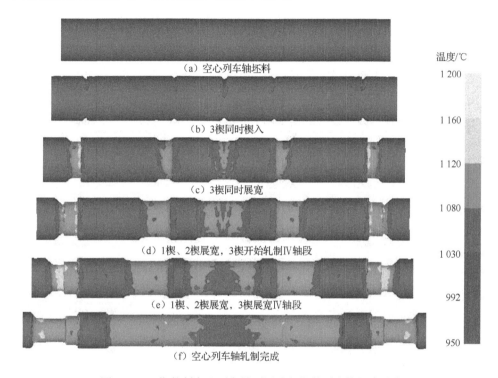

（a）空心列车轴坯料

（b）3 楔同时楔入

（c）3 楔同时展宽

（d）1 楔、2 楔展宽，3 楔开始轧制Ⅳ轴段

（e）1 楔、2 楔展宽，3 楔展宽Ⅳ轴段

（f）空心列车轴轧制完成

温度/℃

1 200

1 160

1 120

1 080

1 030

992

950

图 7.10   三楔轧制空心列车轴不同阶段纵截面上的温度分布

3 楔同时展宽段时，轧件外表面与模具表面接触的上、下接触区内因接触传热而导致该区温度下降，在轧件圆周方向内金属因塑性功转化为热能而使温度有所上升，上升的温度大于热损失而减少的温度，因此展宽段轧件的整体温度有所上升。轧件内径的温度变化不大，主要是因为变形产生的热还没有到达心部，且与芯棒热交换损失的能量和内径小变形产生的能量相互抵消，所以轧件内径的温度变化不大。过渡金属段的温度变化是先降低后再急剧升高，这是因为 1 楔、2 楔楔入段过渡段发生的变形不大，但与上、下轧辊接触发生热传导损失部分热量，这时过渡段温度较初始温度有所下降，当 1 楔、2 楔进入轧制展宽段时，过渡段金属变形增大，同时在 1 楔、2 楔作用下，产生的热量较大，这些热量通过热传导聚集在过渡段，因此这部分金属温度又急剧升高。最大轴段和最小轴段的温度变化情况与二楔轧制成形情况相同。

2. 特征点温度的变化规律

三楔轧制空心列车轴有别于二楔轧制，轧制长轴段时侧楔成形的锥形过渡段，主楔需对其再次轧制，这使过渡段的温度变化比较复杂。为了弄清楚过渡段温度变化的规律，分别选取过渡段截面上的 3 个点进行温度跟踪，该截面距离中心对称面 200mm，P_1 点位于轧件内径表面上，P_2 点在空心轧件中径上，P_3 点位于轧件外径表面上，跟踪点温度曲线如图 7.11 所示。

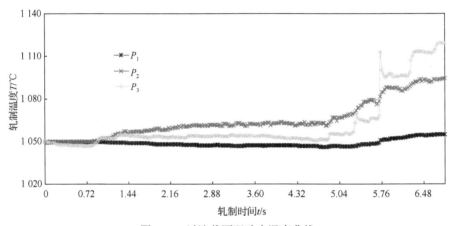

图 7.11　过渡截面跟踪点温度曲线

P_1 点位于过渡金属段内径表面上，轧件初始阶段，空心轧件内径与芯棒有接触，两者之间的热辐射会损失部分热量，P_1 点出现较小幅度的减小。随着轧制过程的进行，过渡金属段被展宽碾平，表面金属变形产生较多的热量，这部分热量逐渐传递至 P_1 点使其温度上升。

P_2 点位于过渡金属段中径上，金属段内部温度损失很小，此时温度变化不大。随着轧制时间的继续，轧件中径上的点开始出现变形，这部分因为变形产生的能量大于热交换损失的能量，P_2 点温度稳步上升，当 1 楔轧制过渡金属段时，外表面产生的能量传递至心部，使 P_2 点的温度进一步升高，此过程中 P_2 点上升到最高温度为 1 095℃。

P_3 点位于过渡金属段外表面上，轧制开始温度进入快速降温，这是因为轧件与轧辊接触面积大，而轧件变形产生的热量还很小，不足以补偿热损失。P_3 点随着 1 楔变形区的逐渐靠近，变形增大，变形产生的温度大于热交换损失的热量，温度缓慢升高。轧制进行到轧辊与 P_3 点接触时，P_3 点的大幅度变形，使该点的温度瞬间升高，达到峰值 1 112℃，此后 P_3 点的温度升高趋缓，最后 P_3 点的温度升高到 1 118℃。

7.3 多楔同步轧制空心列车轴微观组织的分布特征

楔横轧过程中，在变形区内可能发生动态再结晶过程，在非变形区域内因高温作用将会发生亚动态或静态再结晶过程，因此轧件中将会出现动态再结晶晶粒、亚动态再结晶晶粒、静态再结晶晶粒及未发生再结晶原始晶粒共存的现象[4-6]。本节主要对楔横轧多楔同步轧制空心列车轴时轧件变形区内发生动态再结晶过程进行分析研究，分析轧制每个阶段轧件动态再结晶体积分数和平均晶粒尺寸分布情况，获得多楔轧制过程中轧件微观组织演变规律。

7.3.1 二楔同步轧制空心列车轴微观组织模拟分析

采用二楔同步轧制空心列车轴时，为了节省轧辊直径，选取较大的展宽角，因此在轧制成形过程中，轧件的瞬间展宽量增加，变形量增大，易于发生奥氏体发生动态再结晶，然而轧件的塑性变形使表面的温度升高，不利于细化晶粒[7]，为了弄清晶粒尺寸分布情况以便于控制晶粒尺寸大小，就必须分析各个轧制阶段微观组织的分布规律。

1. 楔入段微观组织的分布特征

图 7.12 和图 7.13 分别是轧件在楔入段的再结晶百分数分布和晶粒尺寸分布。由图 7.12 和图 7.13 可知，轧件仅在变形区域内发生动态再结晶，1 楔轧后的晶粒尺寸为 $60\sim90\mu m$，2 楔轧后的晶粒尺寸为 $40\sim50\mu m$，再结晶百分数为 60%左右。因为在楔入段，轧件的变形量较小，仅发生在与模具接触的区域，距离接触点越远变形量越小，甚至为零。在与模具的接触区域位错密度越大，提供的再结晶激活能也越多，因此发生动态再结晶，平均晶粒尺寸能够细化。此外，2 楔轧制的断面收缩率大，变形量大，发生动态再结晶的百分数就大，晶粒尺寸细化得也越小。与应变的变化趋势相同，轧件晶粒尺寸也是从变形较大区域开始细化，变形量越小，细化程度越小，并逐渐减小至零。在楔入阶段，轧件与模具接触瞬间，温度降低，不利于发生动态再结晶，但是紧接着轧件的塑性变形产生较大的热量，使得接触区域的温度有所升高，利于发生动态再结晶，细化晶粒尺寸。因此，楔入段仅在轧件表面变形区域发生动态再结晶。

图 7.12 楔入段纵截面动态再结晶百分数分布

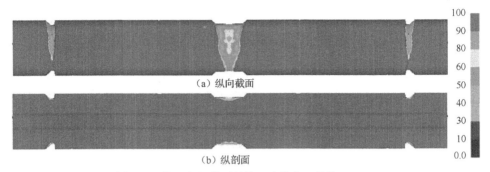

（a）纵向截面

（b）纵剖面

图 7.13　楔入段纵截面晶粒尺寸分布（单位：μm）

2. 展宽段微观组织的分布特征

图 7.14 和图 7.15 分别为轧件展宽阶段动态再结晶百分数分布和晶粒尺寸分布。

图 7.14　展宽段纵截面动态再结晶百分数分布

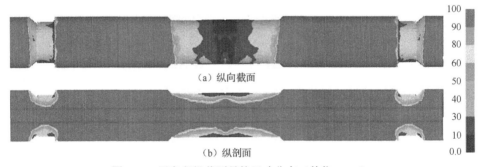

（a）纵向截面

（b）纵剖面

图 7.15　展宽段纵截面晶粒尺寸分布（单位：μm）

由图 7.14 和图 7.15 可知，该阶段轧件变形由表面逐渐向心部延伸，空心轧件的心部变形增大，内径上部分发生动态再结晶，晶粒细化。轧件表面的晶粒细化程度增大，部分达到了 100%，表面晶粒的平均尺寸细化至 10～20μm，细化程度相比楔入段明显增强。产生这一现象的原因是，轧件在展宽段的变形量最大，变形主要集中在展宽段，较大的变形量使晶粒的位错密度增加，从而提供了足够的动态再结晶激活能，促使动态再结晶的发生。在空心轧件的内径上，变形量较小，且与芯棒接触发生热传导，使内径上的温度降低，不利于动态再结晶的发生，因此内径相对于表面动态再结晶的百分数小，晶粒尺寸细化不完全。在展宽段，轧件的变形强度外层最大，逐步向中心减少，尽管渗透到轧件中径上且应变达到临界应变，但中径上的温度低，位错密度较小，动态再结晶不能完全发生。因此，展宽段动态的结晶百分数相比楔入段更大，细化得更完全，晶粒平均尺寸更小。

3. 展宽Ⅳ轴段微观组织的分布特征

图7.16和图7.17分别为轧件纵截面动态再结晶百分数和平均晶粒尺寸分布。由图7.16和图7.17可知，在轧辊展宽最小直径段时，轧件的晶粒尺寸较前一阶段又显著细化，且分布较均匀，在轧件中间段及轴颈段的表面晶粒尺寸为10～20μm；在轧件端部未变形区的晶粒尺寸没有变化，保持初始值；轧件再结晶百分数分布情况与平均尺寸分布相似。在空心列车轴长轴段的晶粒尺寸从中间向两端晶粒尺寸逐渐增加，再结晶百分数基本在80%以上，且从外径向内径逐步渗透，晶粒尺寸得到细化。空心列车轴两个轴颈位置，断面收缩率相对较大，利于轧件变形从表面向内径渗透，从而增加了轧件内径上的晶粒细化程度，表面的晶粒尺寸也在10～20μm。因此，在轧制最小直径段时，轧件的晶粒尺寸细化程度更强，晶粒尺寸分布得更均匀。

图7.16 轧件纵截面动态再结晶百分数分布

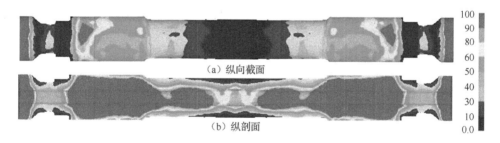

（a）纵向截面

（b）纵剖面

图7.17 轧件纵截面平均晶粒尺寸分布（单位：μm）

4. 精整段微观组织的分布特征

图7.18和图7.19分别为轧件在精整段纵截面再结晶百分数和晶粒尺寸分布。由图7.18和图7.19可知，空心轧件已完成轧制区域的动态再结晶，再结晶百分数为100%，晶粒细小且分布均匀，表面的晶粒尺寸分布在10～20μm。在多楔轧制成形的精整段，轧件已完成变形，这一阶段主要对轧件尺寸进行精整，以达到产品的最终成形要求，因此这一阶段轧件基本没有变形。由于轧件还处于高温状态，部分区域发生了再结晶行为，晶粒细化更小。空心轧件表面晶粒尺寸细小且分布

均匀，内径上部分晶粒细化，整体晶粒尺寸较轧制前有所减小。断面收缩率较大的区域内径上的晶粒尺寸细化 15～30μm。因此，精整段虽没有发生大量动态再结晶行为，但局部晶粒尺寸得到细化，晶粒尺寸分布更均匀，机械性能也更好。

图 7.18　精整段纵截面再结晶百分数分布

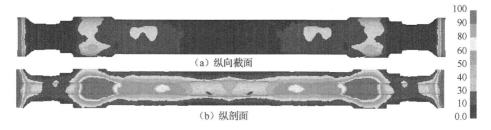

（a）纵向截面

（b）纵剖面

图 7.19　精整段纵截面晶粒尺寸分布（单位：μm）

7.3.2　三楔同步轧制空心列车轴微观组织模拟分析

相对于二楔同步轧制空心列车轴，三楔轧制时金属流动受楔与楔约束，变形机理与组织变化比二楔更加复杂。轧制长轴时外楔成形的锥形过渡段，内楔需对其再次轧制，这样在轧制长轴段接口处有可能存在晶粒尺寸分布不均等问题，此外，多楔轧制时楔与楔之间的相互作用也会影响组织的变化。因此，想要得到均匀的晶粒尺寸分布且对轧件质量进行有效控制，就必须弄清楚多楔轧制过程中微观组织的分布规律。

1. 楔入段微观组织的分布特征

图 7.20 反映的是三楔同时楔入段轧件纵截面动态再结晶百分数分布。由图 7.20 可以看出，轧件仅在轧制成形区域内发生动态再结晶，发生动态再结晶百分数大多为 37.5%～62.5%，仅在与 3 楔接触区域内的动态再结晶百分数为 87.5%左右。动态再结晶发生区域主要集中在高温、大变形区域，而楔横轧的楔入段轧件与模具接触点的应变速率最大，距离接触点越远应变速率越小，且接触区域内由大变形产生的温升较快，因此轧件在与模具接触区域内易发生动态再结晶，而轧件其他区域动态再结晶百分数几乎为零。

图 7.21 是楔入段轧件纵截面平均晶粒尺寸分布。轧件的初始晶粒尺寸为 200μm。从图 7.21 中可知，已发生动态再结晶后区域平均晶粒尺寸为 67.5～90.0μm，

而与 3 楔接触区域内的平均晶粒尺寸细化至 35μm，而在未变形区域内，轧件的平均晶粒尺寸几乎没有发生改变。轧件的晶粒与楔入段应变速率的变化趋势相似，轧件晶粒细化也是从接触部位开始，距离接触区域越远，细化程度越小，而空心轧件在楔入段内径几乎不发生动态再结晶，因而晶粒尺寸也不发生改变。

图 7.20 三楔同时楔入段轧件纵截面动态再结晶百分数分布

（a）纵截面 （b）A—A横截面

图 7.21 楔入段轧件纵截面平均晶粒尺寸分布（单位：μm）

2. 展宽段微观组织的分布特征

展宽段是楔横轧制成形的主要变形阶段，该阶段轧件变形量大，表面温度较高，更易发生动态再结晶。为分析空心轧件内径微观组织分布特征，选取轧件纵剖截面在展宽段动态再结晶百分数分布，如图 7.22 所示。

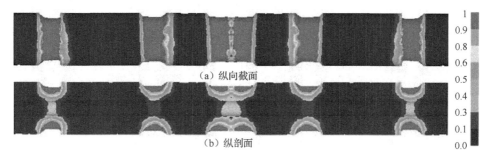

（a）纵向截面

（b）纵剖面

图 7.22 轧件纵截面在展宽段动态再结晶百分数分布

在展宽段轧件变形大，由表面向心部扩展，空心轧件的内径在模具和芯棒作用下，内部的应变速率逐渐增大，当达到发生动态再结晶临界条件时，动态再结晶发生。从图 7.22 中可知，轧件的外表面动态再结晶百分数达到 100%，即全部发生了动态再结晶，轧件内部在芯棒作用下，部分发生动态再结晶，内部区域动态再结晶百分数为 37.5%～50%。这是因为轧件在展宽段的变形量最大，与模具接触的表面区域由于摩擦使温度升高，且较大的变形量使轧件的位错密度增大，从而提供足够的再结晶激活能，使轧件表面完全发生动态再结晶。轧件的心部在芯棒作用下，相比外表面变形量不大，同时温度较低，只有部分达到了临界应变条件，动态再结晶不能完全发生。

图 7.23 为展宽段轧件横、纵截面平均晶粒尺寸分布。由图 7.23（a）可知，轧件表面的晶粒细化程度较大，平均晶粒尺寸为 22.5～45.0μm，远小于楔入段的晶粒尺寸。已变形区域完全发生动态再结晶，使晶粒尺寸得以细化。由图 7.23（b）可知，轧件从外到内，晶粒尺寸被逐渐细化，这是因为轧件变形强度从外向内逐步渗透，内径上的变形量小、温度低，原子扩散和位错滑移不充分，动态再结晶不能完全发生，晶粒细化也不完全，故轧件内径平均晶粒尺寸为 136～158μm。

（a）纵截面　　　　　　　　　　　　（b）A—A横截面

图 7.23　展宽段轧件横、纵截面平均晶粒尺寸分布（单位：μm）

3．3楔展宽Ⅳ轴段微观组织的分布特征

3 楔轧制空心列车轴的Ⅳ轴段时，该轴段断面收缩率最小，因此微观组织变化情况较其他轴段也不同。为了进一步研究轧制该段时其微观组织变化及轧件内径动态再结晶发生状况，选取轧件纵向截面和纵剖面动态再结晶百分数分布（图 7.24）进行分析。

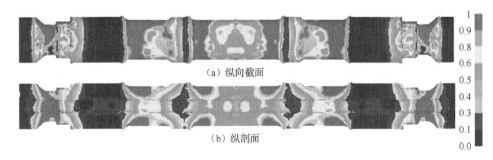

（a）纵向截面

（b）纵剖面

图 7.24　轧件纵截面动态再结晶百分数分布

图 7.24（a）为轧件纵向截面动态再结晶百分数分布。由图 7.24（a）可知，轧件与轧辊三个楔接触区域因挤压产生大变形，因此在接触区域完全发生动态再结晶；已完成轧制成形区域部分发生动态再结晶，再结晶百分数为 50%~80%，这是因为虽然已完成轧制区域变形量较小，但轧件与轧辊摩擦产生的热量使轧件表面的温度较高，从而提供了足够再结晶激活能，达到发生动态再结晶临界条件，已完成区域部分发生动态再结晶；而未发生变形区域几乎不发生动态再结晶，这部分区域与轧辊表面接触，温度低、应变量较小，不利于动态再结晶的发生。

图 7.24（b）为轧件纵剖面动态再结晶百分数分布。由图 7.24（b）可知，轧件内径动态再结晶发生情况，轧件最小直径段动态再结晶百分数比其他轴段大，因为轧件最小直径段变形最大，达到了动态再结晶发生时的应变值，使该轴段内径动态再结晶百分数达到了 100%；而其他轴段的内径部分发生动态再结晶，但整体再结晶百分数比前一阶段的大；轧件等直径过渡金属段在内楔和外楔作用下，也发生了动态再结晶，再结晶百分数为 30%~40%。

图 7.25 为轧件平均晶粒尺寸分布图。图 7.25（a）为轧件纵向截面平均晶粒尺寸分布，由图可知 3 楔已完成轧制部分晶粒尺寸显著细化，分布比较均匀，晶粒尺寸在 18.8μm 以下，同时过渡金属段左侧在主楔和侧楔共同作用下，晶粒尺寸得到细化；轧件右端已轧部分晶粒尺寸也进一步细化，分布也较为均匀，在 18.8~37.5μm；而未完成轧制区域晶粒尺寸较大，集中在 131~150μm。图 7.25（b）~（d）分别反映了三个不同轴径横截面晶粒尺寸的分布情况。由图 7.25（b）~（d）可知，对称中心面上轧件外表面尺寸为 37.5μm，心部的晶粒尺寸为 131μm，由于轧件横截面上的应变由外向内逐渐减小，晶粒的细化程度也是从外向内逐渐减弱。B—B 面内部的平均晶粒尺寸为 75μm 左右，C—C 面内部的为 56.3μm，因此可知随着断面收缩率的减小，轧件心部的晶粒尺寸细化程度增强。

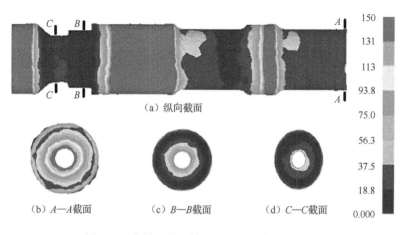

（a）纵向截面

（b）A—A 截面　　　　（c）B—B 截面　　　　（d）C—C 截面

图 7.25　轧件平均晶粒尺寸分布（单位：μm）

4. 精整段微观组织的分布特征

在楔横轧的精整段，轧件已基本完成成形，主要对轧件尺寸精度进行精整，以达到产品的最终要求[8]。由上述分析展宽段轧件纵截面微观组织分布情况可知，当楔横轧到达精整段时，轧件已完成成形区域完全发生动态再结晶，而心部和过渡金属段的微观组织变化复杂，因此选取轧件纵向截面和纵剖面的再结晶百分数分布如图 7.26 所示。

由图 7.26 可知，轧件已轧部分完全发生了动态再结晶，百分数达到了 100%，该阶段轧件外表面已成形区域基本没有变形，但是却处于高温状态，从而提供了足够的再结晶激活能使动态再结晶发生；轧件心部由于变形量及温度的原因，部分发生完全动态再结晶；过渡金属段在内楔和外楔的反复碾压作用下，该区域也完全发生动态再结晶；轧件的未轧制轴段变形量小、温度低，不利于发生动态再结晶，因此该部分的再结晶百分数低于 30%。

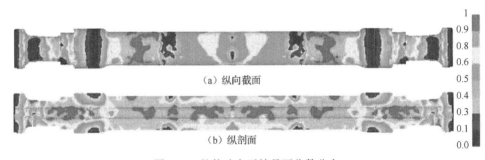

（a）纵向截面

（b）纵剖面

图 7.26　轧件动态再结晶百分数分布

图 7.27 为精整段轧件纵截面和横截面平均晶粒尺寸分布。由图 7.27 可知，轧件表面完成变形区域晶粒细小、分布均匀，尺寸明显小于前一阶段的晶粒尺寸，而轧件过渡段及较小直径轴段的尺寸更小，平均尺寸小于 18.8μm；仅未变形轴段的晶粒尺寸较初始尺寸变化不大。由轧件横截面晶粒尺寸分布情况可知，轧件表面和心部晶粒尺寸小于中间的晶粒尺寸。通过分析可知，采用多楔轧制长轴段有利于细化晶粒尺寸，提高空心列车轴的强度和塑性。

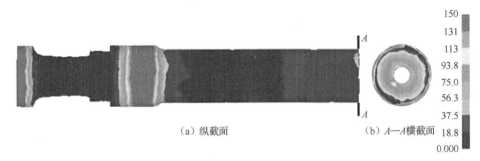

（a）纵截面

（b）A—A横截面

图 7.27　轧件平均晶粒尺寸分布（单位：μm）

7.4 工艺参数对空心列车轴晶粒尺寸的影响

金属晶粒的大小对金属的力学性能、工艺性能及物理性能有很大的影响，在常温下，金属的晶粒越细小，金属的强度和硬度越高，同时塑性和韧性也越好，因此，通常采用细化晶粒来提高金属材料的力学性能。在热塑性加工中，晶粒尺寸主要受轧制温度、轧件应变量及应变速率大小的影响。对于楔横轧而言，轧制初始温度的选取是影响再结晶晶粒尺寸大小的主要因素之一，但工艺参数包括成形角、展宽角等因素也会影响轧件的晶粒尺寸，这是因为工艺参数选取的不同，轧制过程中会影响应变和应变速率，进而影响轧件晶粒尺寸的缘故。因此，研究楔横轧多楔同步轧制空心列车轴时，工艺参数对轧件晶粒尺寸的影响规律，对控制轧件的力学性能且保证组织均匀性奠定了理论基础。

为了准确反映各轴段的晶粒尺寸变化，追踪点的选取位置如图 7.28 所示，其中 P_1、P_2 和 P_3 为空心轧件对称中心面上的 3 个点，P_4、P_5 和 P_6 为空心轧件长轴段过渡面上的 3 个点，P_7、P_8 和 P_9 为空心轧件Ⅲ轴段上的 3 个点，P_{10}、P_{11} 和 P_{12} 为空心轧件Ⅳ轴段上的 3 个点，而 P_1、P_4、P_7 和 P_{10} 为空心轧件内径上的点，P_3、P_6、P_9 和 P_{12} 为空心轧件外表面上的点，P_2、P_5、P_8 和 P_{11} 在空心轧件的内、外径中间位置上。

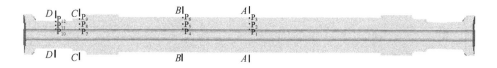

图 7.28　追踪点的选取位置

7.4.1 轧制温度对空心列车轴晶粒尺寸的影响

为了进一步研究不同初始轧制温度对轧件晶粒尺寸大小的影响，分别选取初始轧制温度为 950℃、1 000℃和 1 050℃三种情况，通过热、力耦合有限元模拟，得出轧制结束后，不同初始轧制温度下空心列车轴纵截面的平均晶粒尺寸分布，如图 7.29 所示。

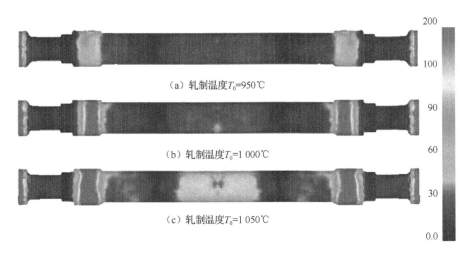

（a）轧制温度T_0=950℃

（b）轧制温度T_0=1 000℃

（c）轧制温度T_0=1 050℃

图 7.29 不同初始轧制温度下空心列车轴纵截面的平均晶粒尺寸分布

分别对轧制结束后的空心列车轴按图 7.28 所示追踪点的位置选取每个截面上的 3 个点取值，得到表 7.1 所示的三组数据，从而得到各截面的平均晶粒尺寸随轧制温度的变化曲线，如图 7.30 所示。

表 7.1 不同轧制温度下追踪点的平均晶粒尺寸

单位：μm

追踪点	不同轧制温度		
	950℃	1 000℃	1 050℃
P_1	39.86	48.32	57.89
P_2	42.53	49.44	60.54
P_3	34.47	41.31	54.21
P_4	34.23	43.12	47.59
P_5	35.31	42.13	48.44
P_6	24.65	35.21	42.75
P_7	20.65	30.13	41.27
P_8	19.69	29.54	40.06
P_9	16.57	25.87	34.16
P_{10}	16.32	19.74	24.27
P_{11}	15.66	20.14	26.48
P_{12}	13.45	16.78	22.31

图 7.29 和图 7.30 分别反映追踪点在轧制结束后各截面平均晶粒尺寸随轧制温度变化的分布和曲线。由图可以看出，随着温度的升高晶粒尺寸变大，这是因为温度升高改变了晶粒的储存能及晶界迁移率，促使再结晶晶粒长大。由图 7.30（a）和（b）可知，截面 A—A、截面 B—B 上内、外径表面上的晶粒尺寸都小于中径上的晶粒尺寸，这是因为空心轧件外表面上在轧制形过程中变形大，完全发生动

态再结晶，使外径上的晶粒尺寸比中径上的大，而内径由于热传导作用，使得内径上也发生动态再结晶，晶粒得到细化。由图 7.30（c）和（d）可知，轧件在截面 C—C、截面 D—D 上内、中、外径上的晶粒尺寸相差不大，因为该轴段的断面收缩率较大，所以完全发生动态再结晶，晶粒得到细化。

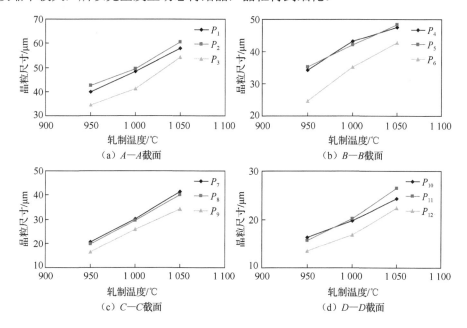

图 7.30　各截面的平均晶粒尺寸随轧制温度的变化曲线

分别比较四个不同截面的晶粒尺寸，可以发现截面 D—D 的晶粒尺寸最小，截面 C—C 的次之，截面 A—A 和截面 B—B 的晶粒尺寸相对较大，而截面 B—B 比截面 A—A 的晶粒尺寸小。这是因为截面 D—D 的断面收缩率最大，轧制成形过程中变形量较大，轧件该轴段截面完全发生动态再结晶，晶粒细化，而截面 C—C 断面收缩率次之，截面 A—A 和截面 B—B 的断面收缩率相同，然而过渡段经过了内、外楔的共同轧制使晶粒得到进一步细化。

比较三个轧制温度下晶粒的尺寸，当初始轧制温度设置为 950℃时，平均晶粒尺寸可细化到 $10\sim40\mu m$，轧件的晶粒尺寸得到了大大的细化，且在径向表层和心部晶粒尺寸相差较小，晶粒大小在整个轧制过的纵截面上的分布较为均匀。因此降低轧制温度不但可以得到较小晶粒尺寸，而且可以有效减小晶粒尺寸分布不均程度，提高产品的机械性能。

7.4.2　成形角对空心列车轴晶粒尺寸的影响

成形角是楔横轧最重要、最基本的工艺参数之一，对轧制过程中轧件变形量和变形温度有显著的影响，进而影响了轧制结束后空心车轴晶粒大小的分布。分别选取成形角为 36°、42°、45° 和 48° 四种情况，通过热、力耦合有限元模拟，得到轧制结束后不同成形角下空心列车轴纵截面的平均晶粒尺寸分布，如图 7.31 所示。

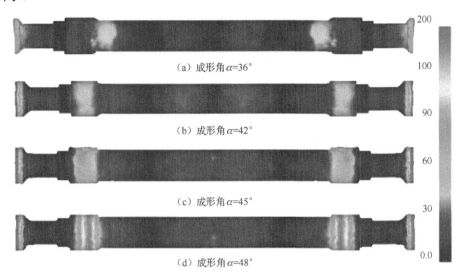

图 7.31　不同成形角下空心列车轴纵截面的平均晶粒尺寸分布

参照图 7.28 追踪点选取位置得到每个截面在空心列车轴轧制结束后的晶粒尺寸大小，得到表 7.2 所示的四组数据，从而得到不同成形角下空心列车轴各截面的平均晶粒尺寸变化曲线，如图 7.32 所示。

表 7.2　不同成形角追踪点的平均晶粒尺寸

单位：μm

追踪点	不同成形角			
	36°	42°	45°	48°
P_1	29.79	35.34	39.86	43.75
P_2	32.22	38.02	42.53	47.61
P_3	26.57	31.48	34.47	42.13
P_4	22.84	29.15	34.23	37.34
P_5	25.98	33.79	35.31	39.77
P_6	19.43	22.18	24.65	32.39
P_7	13.87	16.32	20.65	26.36
P_8	12.66	17.13	19.69	25.87
P_9	12.04	12.06	16.57	19.42
P_{10}	13.33	15.08	16.32	19.65
P_{11}	11.81	14.76	15.66	18.28
P_{12}	11.41	12.68	13.45	16.01

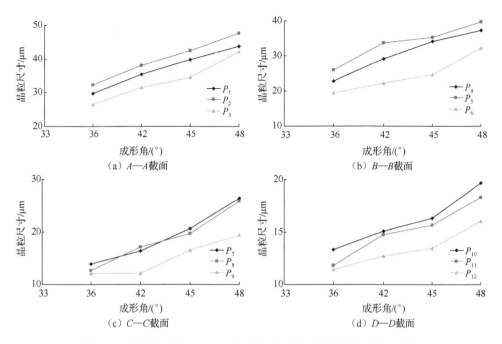

图 7.32　不同成形角下空心列车轴各截面的平均晶粒尺寸变化曲线

由图 7.32 可知，随着成形角的增加，轧制结束后，空心车轴的平均晶粒尺寸随之增大，产生这一现象的原因是，随着成形角的增大，等效应变速率变化不大，但任意瞬时径向压缩量变大，导致塑性变形产生热量变大，温度升高，所以轧件晶粒尺寸值偏大。

分析不同截面上追踪点的晶粒尺寸，$D—D$ 截面的晶粒尺寸小于其他截面；中心截面的晶粒尺寸最大。比较同一截面不同位置的奥氏体晶粒尺寸，靠近轧件表面上的晶粒尺寸最大，内径上的晶粒尺寸次之，中径上的晶粒尺寸最大，这是因为外径表面在轧制成形过程中变形量最大，而轧件内径与芯棒接触导致温度降低，有利于发生动态再结晶，因此中径上的晶粒尺寸最大。当成形角选取 36°时，轧件的晶粒尺寸细化至 10～35μm，轧件的晶粒尺寸得到了大大的细化，且晶粒尺寸分布较均匀。所以，减小成形角不但可以得到较小晶粒尺寸，而且可以有效减少晶粒尺寸分布不均程度。

7.4.3　展宽角对空心列车轴晶粒尺寸的影响

展宽角也是楔横轧最重要、最基本的工艺参数之一，是多楔同步轧制空心列车轴最重要的工艺参数，不仅影响空心列车轴的椭圆度，而且对轧件变形量和温度有影响，进而影响轧件的晶粒尺寸。主楔展宽角选取 4.5°、5°和 5.5°三种情况，侧楔选取 6.5°，通过热、力耦合有限元模拟，得到轧制结束后不同展宽角下空心列车轴纵截面的平均晶粒尺寸分布，如图 7.33 所示。

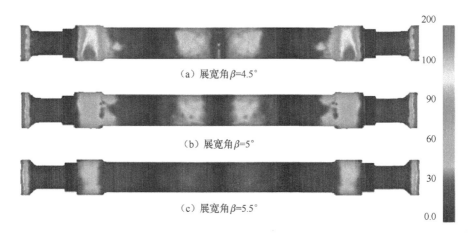

（a）展宽角β=4.5°

（b）展宽角β=5°

（c）展宽角β=5.5°

图7.33 不同展宽角下空心列车轴纵截面的平均晶粒尺寸分布

结合图 7.28 对追踪点的选取方法，得到轧制结束后各截面的平均晶粒尺寸，其值人小如表 7.3 所示，从而得到不同展宽角下空心列车轴不同截面的晶粒尺寸变化曲线，如图 7.34 所示。

表7.3 不同展宽角下追踪点的平均晶粒尺寸

单位：μm

追踪点	不同展宽角		
	4.5°	5°	5.5°
P_1	45.32	39.86	35.21
P_2	48.05	42.53	38.83
P_3	39.81	34.47	31.96
P_4	38.94	34.23	31.74
P_5	40.02	35.31	33.81
P_6	33.15	24.65	26.60
P_7	28.86	20.65	16.55
P_8	29.92	19.69	15.22
P_9	25.03	16.57	13.76
P_{10}	27.67	16.32	17.84
P_{11}	25.98	15.66	16.18
P_{12}	23.08	13.45	10.74

由图 7.33 和图 7.34 可知，随着展宽角的增大，空心列车轴的平均晶粒尺寸减小。这是因为随着展宽角的增大，瞬时径向压缩量发生变化，轧件表面的变形量增大，利于轧件发生动态再结晶和细化晶粒，因此轧件的晶粒尺寸随着展宽角的增大而减小，选取较大的展宽角不但可以得到较小的晶粒尺寸，而且可以保证晶粒尺寸的均匀分布。

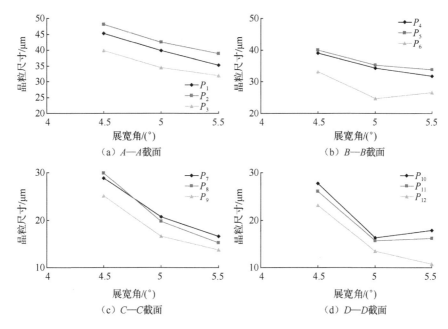

图 7.34　不同展宽角下空心列车轴不同截面的晶粒尺寸变化曲线

　　分析不同截面的晶粒尺寸可知，与轧制温度和成形角的影响规律相同，轧件表面的晶粒尺寸最小，内径的晶粒尺寸次之，中径上的晶粒尺寸相对较大。当轧件的断面收缩率足够大时，轧件内、中、外径上的晶粒尺寸相差不大，整个轴段奥氏体发生完全动态再结晶行为，晶粒细化程度较高。因此，改变展宽角不仅能控制晶粒尺寸，还能控制晶粒的均匀分布。

7.4.4　二楔和三楔轧制对空心列车轴晶粒尺寸的影响

　　图 7.35 和图 7.36 分别为二楔和三楔轧制结束后空心列车轴的平均晶粒尺寸分布。

图 7.35　二楔轧制结束后空心列车轴的平均晶粒尺寸分布

图 7.36　三楔轧制结束后空心列车轴的平均晶粒尺寸分布

分别选取截面 *A—A*、*B—B*、*C—C*、*D—D* 四个截面，每个截面外、中、内径上选取一个点，得到轧制结束后这些选取点的平均晶粒尺寸大小，如表 7.4 所示。

表 7.4　不同方案下追踪点的平均晶粒尺寸

单位：μm

追踪点	2楔	3楔
P_1	35.31	39.86
P_2	37.06	42.53
P_3	31.18	34.47
P_4	49.05	34.23
P_5	47.46	35.31
P_6	41.97	24.65
P_7	27.54	20.65
P_8	29.27	19.69
P_9	19.73	16.57
P_{10}	21.91	16.32
P_{11}	18.16	15.66
P_{12}	16.28	13.45

由图 7.35、图 7.36 和表 7.4 可知，二楔和三楔轧制都能使晶粒尺寸得到细化，而细化后的晶粒尺寸相差不大，而采用三楔轧制时，在过渡段金属在主楔和侧楔作用下，晶粒尺寸得到大大的细化，因此使车轴长轴段的晶粒尺寸分布得更均匀。分析两种方案数据可知，采用二楔同步轧制空心列车轴时，长轴段的晶粒尺寸细化为 40μm 左右，而三楔轧制时，长轴段的晶粒尺寸细化为 25～30μm。因此，采用三楔同步轧制空心列车轴更能得到较小的晶粒尺寸，且晶粒分布得更均匀，产品的机械性能更好；从晶粒尺寸的角度考虑，采用三楔轧制比二楔轧制空心列车轴更优越。

7.5　轧制后空心列车轴的微观形貌试验

样件在 T_0 =1 000℃，$\dot{\varepsilon}$ =0.01s^{-1} 的动态再结晶的初始晶粒尺寸测定平均为
172.6μm，如图 7.37 所示。本节试验把轧制后的空心轴淬火，然后用线切割机对
轧件横向切割，截面为 A—A、B—B、C—C，位置如图 7.38 所示，在 A—A 截面
圆环上从里到外取了三个点 P_1、P_2 和 P_3，同样，在 B—B 截面圆环上取了三个点 P_4、
P_5 和 P_6，在 C—C 截面圆环上取了三个点，即 P_7、P_8 和 P_9。

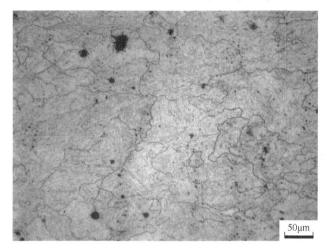

图 7.37　初始晶粒尺寸（ T_0 =1 000℃，$\dot{\varepsilon}$ =0.01s^{-1}，d_0 =172.6μm）

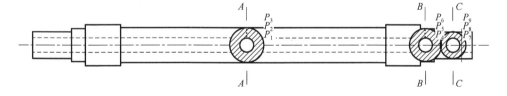

图 7.38　轧制后空心轴截面图

7.5.1　中心截面 A—A 的微观组织形貌

图 7.39 所示的分别为 P_1、P_2 和 P_3 处 1 000 倍率下轧件 A—A 截面的微观组织
形貌，从内到外，组织呈马氏体分布，且呈现大的条带状，聚集状呈现变大趋势。
铁素体夹杂在每条马氏体之间，并且越往外铁素体数量越少。因为外部淬火降温
快，形成的马氏体多，而中间部位降温速度居中，形成了少量马氏体。由晶粒尺
寸对性能的影响可知，平均晶粒尺寸越大，金属的力学性能越差，近孔 P_1 区，马
氏体组织稀疏，外径 P_3 区，马氏体组织细密，中区 P_2 介于两者之间。可见，从里

到外，马氏体组织越来越细小，马氏体晶粒呈细化状态。

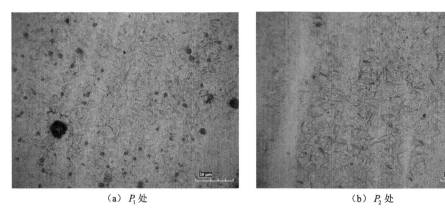

（a）P_1 处   （b）P_2 处

（c）P_3 处

图 7.39 轧件 A—A 截面的微观组织形貌（×1 000）

7.5.2 截面 B—B 的微观组织形貌

图 7.40 所示的分别为 P_4、P_5、P_6 处轧件的微观组织形貌。可见，从内到外，均呈马氏体板条状组织，P_4 处马氏体组织比较稀疏，P_5、P_6 处马氏体组织相对密集。铁素体夹杂在针状马氏体之间，其数量在不断减少。因为空心轴外表面在轧制成形过程中受力最大，外表面变形量最大，完全发生动态再结晶的趋势最大，而内径与芯棒直接接触，经过热传导作用可以部分发生动态再结晶，使其部分组织得到细化。近孔 P_4 区，马氏体组织相对密集，中径 P_5 区域组织较细密，外径 P_6 区，马氏体组织密集最大，中区 P_2 介于两者之间。可见，从里到外，马氏体组织越来越细小，马氏体晶粒呈细化趋势。

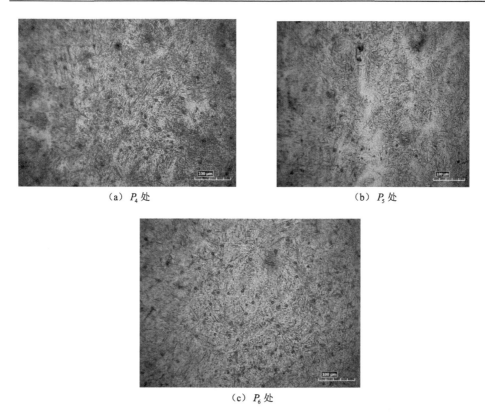

（a）P_4 处 （b）P_5 处

（c）P_6 处

图 7.40 轧件 B—B 截面的微观组织形貌（×500）

7.5.3 截面 C—C 的微观组织形貌

由图 7.41（a）～（c）的微观形貌可知，车轴在截面上的外径 P_7 处的珠光体片状组织，从内到外，发现针状马氏体组织越来越多，铁素体数量变少，且夹杂在马氏体中间。

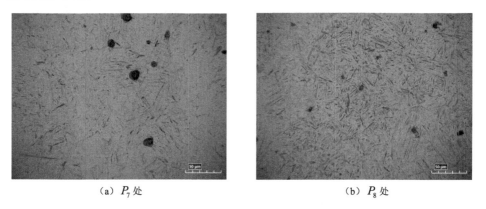

（a）P_7 处 （b）P_8 处

图 7.41 轧件 C—C 截面的微观组织形貌（×1 000）

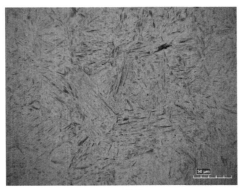

（c）P_9 处

图 7.41（续）

A—A 截面在光显微镜下的腐蚀氧化后，出现了晶界晶粒，奥氏体动态再结晶，试验得到的 P_1、P_2、P_3 的晶粒形貌如图 7.42 所示。

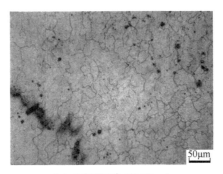

（a）P_3 表面区域（21.32μm）

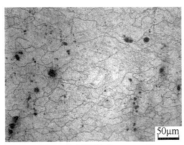

（b）P_2 中心区域（36.03μm）

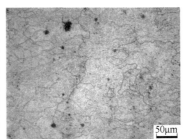

（c）P_1 近孔区域（58.15μm）

图 7.42 试验得到的 P_1、P_2、P_3 的晶粒形貌

通过金相试验获悉，轧件淬火后金相组织为马氏体+残余奥氏体。按照图 7.42 所示位置 P_3 为 21.32μm、P_2 为 36.03μm、P_1 为 58.15μm，可见，截面 A—A 从里到外平均晶粒尺寸越来越小，且细化均匀性也越来越好。但是，晶粒尺寸实测值

比模拟结果的平均晶粒尺寸偏大。轧制完成后，轧件不可能迅速淬火。轧制后，存在一段高温停留时间，导致奥氏体晶粒的生长。

7.6 本章小结

本章基于有限元仿真和微观试验，阐明了空心列车轴多楔同步轧制的微观组织演变规律及其工艺参数对微观晶粒大小和分布的影响，得出的主要结论如下。

（1）通过分析轧件的等效应变速率分布情况，发现与轧辊接触的表面区域等效应变速率最大，空心轧件内径的等效应变速率要远小于表面区域，过渡段金属在内、外楔重复碾压下，等效应变速率较大。

（2）轧件整体温度波动不大，由于轧件与轧辊接触的瞬间热传导换热，轧件的温度降低。随后，轧件塑性变形产生热量又远大于热交换和辐射损失的能量，轧件的温度急剧升高使轧件中径上的温度变形不大，内径上的温度缓慢降低。

（3）轧件变形区域因位错密度的急剧增加，提供了足够的动态再结晶激活能，动态再结晶体积分数大。发生动态再结晶的金属，晶粒尺寸明显减小,可达到 18μm 以下。经过楔横轧后，轧件的整体晶粒尺寸得到细化，大部分细化至 20~50μm。

（4）三楔轧制后空心列车轴的长轴段晶粒尺寸要远小于二楔轧制的晶粒尺寸。

（5）通过空心列车轴轧制后的微观组织形貌试验，获得了特征点微观组织形貌，以及横截面的晶粒分布，从里到外，淬火态轧件微观形貌马氏体组织越来越细密，平均晶粒尺寸越来越小，且细化均匀性也越来越好。

参 考 文 献

[1] 闫波. 楔横轧多楔轧制微观组织研究[D]. 北京：北京科技大学，2010.

[2] 闫波，束学道，胡正寰. 楔横轧轧制微观组织演变规律的研究现状与发展[J]. 中国冶金，2008, 2:8-10.

[3] 张芳，黄华贵，杜凤山，等.40Cr 钢等温转变曲线与非等温冷却过程数值分析[J]. 材料热处理学报，2009, 30（2）：187-191.

[4] 王敏婷，杜凤山，李学通，等. 楔横轧轴类件热变形时奥氏体微观组织演变的预测[J]. 金属学报，2005, 41（2）:118-122.

[5] 杨永明，杜凤山，王敏婷. 三辊楔横轧空心件热变形时微观组织的研究[J]. 热加工工艺，2009, 23:30-32.

[6] 张宁，王宝雨. 楔横轧不同变形阶段的微观组织演变分析[J]. 塑性工程学报，2012, 19（1）:16-20.

[7] 曾雪磊. 楔横轧多楔同步轧制空心车轴微观组织规律研究[D]. 宁波：宁波大学，2012.

[8] 胡正寰，张巍. 楔横轧在汽车等轴类零件上的应用与发展[J].金属加工（热加工），2010（5）:14-16.

8 空心列车轴楔横轧多楔同步轧制装备的设计

随着零件轧制技术的不断发展，铁路车轴中的大型长轴类零件的需求量越来越大。长轴类零件在轧制过程中，由于轧辊辊身较长，轧制过程中轧辊系统弹性变形增大，轧制过程中轧件受力不均匀，轧件内部组织和变形不均匀，从而产生轧件疏松、变形和壁厚不均等缺陷，现有设备和通过修改模具参数难以解决此类缺陷，严重降低了产品质量；还会导致轧机的轴承载荷偏载，轴承寿命远低于设计寿命，影响轧制生产。基于上述因素，本章将针对空心列车轴多楔轧制成形的特点，进行空心列车轴楔横轧多楔同步轧制轧机的系统设计，为本工艺的实施提供设备保障。

8.1 空心列车轴楔横轧多楔同步轧制轧机
开发的必要性及特点

目前，国内外的辊式楔横轧机，因轧机辊系机构不具备自位性能，特别是在轧制长轴类零件时，辊系弹性变形较大。由于轴承座不能自位，轧机轴承载荷偏载，轴承寿命远低于设计寿命；另外，轴承座不能自位、轧制过程中轧件受力不均，导致轧件内部组织和变形不均匀、产生疏松等缺陷[1-5]。另外，楔横轧机的轧辊系统均为整体结构，模具加工完毕后，安装于轧辊系统的芯轴上，通过试轧进行相应的模具调试（包括模具的修补和位置调整等）。但是，在模具的调试过程中人工因素影响很大，特别是对不熟练的操作工，有时模具调试的时间需要 3～5 天，占据了大量的设备生产时间，严重影响了设备的开工率。随着楔横轧多楔轧制技术在铁道车轴和汽车半轴上的推广和应用，其模具大而且更加复杂，在机调试难度更大，时间也更长。目前国内外最大可轧制的轴类零件仅在直径 150mm 以下、长度 1 200mm 以内。由于空心列车轴最大直径为 200mm、长度为 2 200mm，为大型长轴类零件，目前现有设备无法实施轧制，开发空心列车轴多楔同步轧制轧机是十分必要的。

为了实现空心列车轴的楔横轧多楔同步轧制，首当其冲就是要解决大型长轴零件轧制的工艺，即控制轧辊轧制过程中的弹性变形对产品质量和轴承寿命的影响问题。图 8.1 为楔横轧机双列圆锥滚子轴承在不具有自位机构和具有自位机构情况下的荷载分布。显然在不自位情况下，轴承荷载分布偏载，且偏向于辊身一侧，图 8.1（b）表明，自位情况下，轴承荷载分布大大改善，偏载情况大幅度减少，接近于均载，所以自位机构可以提高轴承寿命。

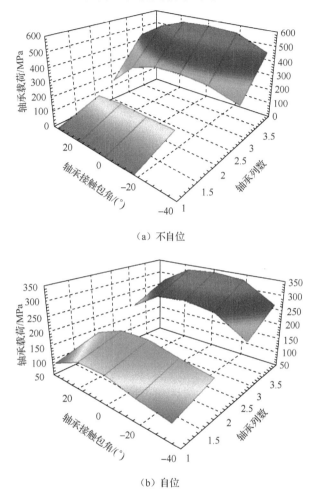

（a）不自位

（b）自位

图 8.1 楔横轧机轴承的荷载分布

综上所述，通过可更换辊系解决大型复杂模具在轧机上调试的难题；通过轧机轴承自位机构，有效保证轧件均匀轧制，可获得轧制出的轧件内部组织均匀和变形均匀，提高了轧制产品的精度和质量；同时还可保证轧制时轧机轴承荷载均匀，提高了轧机轴承的寿命。因此，空心列车轴多楔同步特种轧制轧机的主要特点为：①轧机辊系辊身长且为可更换辊系。②轧机具有自位性能，在空载状态下，辊系是静定的；在轧制状态下，辊系能随轧辊的弹性变形而相应摆动，轧制结束后辊系能自动复原。③轧制过程中轧件荷载和轧机轴承荷载均匀，轧件内部组织均匀。

8.2　空心列车轴楔横轧多楔同步轧制轧机的自位辊系设计

空心列车轴楔横轧机的自位辊系机构，如图 8.2 所示。其组成如下：机架 8、上轴承座 3、轧辊 2 和设置在轧辊 2 两端的轴承座 4，轴承座 4 的下端与机架 8 之间设置有下自位调节装置，下自位调节装置包括第一连接螺钉 7 和从下至上依次叠加放置的上凸弧面块 9、双凹弧面块 10 和下凸弧面块 6，上凸弧面块 9 和下凸弧面块 6 的弧面分别与双凹弧面块 10 的弧面相配合，下凸弧面块 6 支撑在轴承座 4 的下端面上，上凸弧面块 9 放置在机架 8 上，第一连接螺钉 7 以间隙配合的配合方式依次穿过下凸弧面块 6、双凹弧面块 10 和上凸弧面块 9，下凸弧面块 6 的圆心与轧辊 2 的轴心相重合，轴承座 4 的上端通过燕尾槽固定连接有预应力支座 14，预应力支座 14 上螺接有调节杆 13，调节杆 13 与上轴承座 3 之间设置有上自位调节装置，上自位调节装置包括第二连接螺钉 15、下凸球面块 1、双凹球面块 12 和带凸沿的定位块 16，调节杆 13 的上端一体设置有上凸球面块 11，双凹球面块 12 设置在上凸球面块 11 与下凸球面块 1 之间，上凸球面块 11 和下凸球面块 1 的球面分别与双凹球面块 12 的球面相配合，定位块 16 的凸沿卡接在上凸球面块 1 与调节杆 13 之间的轴颈上，自位块 6 与下凸球面块 1 通过第二连接螺钉 15 固定连接，上凸球面块 11、双凹球面块 12 与自位块 16 之间设置有间隙，下凸球面块 11 支撑在上轴承座 3 的下端面上，其中位于操作侧的轴承座 4 的侧面与机架 8 之间设置有轴向自位调节装置，轴向自位调节装置包括铜滑板 21、带凸沿的轴向自位块 16 和固定设置在机架 8 上的挡板 20，轴承座 4 的两侧一体设置有与轧辊 2 的轴心同心的圆柱销 17，轴向自位块 16 的横面上设置有圆孔 19，圆柱销 17 与圆孔 19 间隙配合，铜滑板 21 固定连接在轴向自位块 18 上且设置在轴向自位块 16 的横面与机架 8 之间，轴向自位块 18 的纵面插接在挡板 20 与机架 8 之间。

图 8.2 轧辊系简化为图 8.3 所示的杆系机构，它由上自位杆件 I、下自位杆件 II 和轴向固定自位杆件 III 三部分构成，其为六杆、八铰、一滑副机构，在空载情况[图 8.3（a）]下，它的自由度为

$$F = 3 \times 6 - 2 \times 9 = 0 \tag{8.1}$$

因此，该杆系机构是静定、稳定的。而在轧制状态[图 8.3（b）]下，根据重型机构杆系特性和弹性理论[6-7]，得到图 8.3（b）所示的轧辊系统杆系机构，其为七杆、九铰、一滑副机构，它的自由度为

$$F = 3 \times 7 - 2 \times 10 = 1 \tag{8.2}$$

由于具有一个自由度，辊系能实现自位动作。

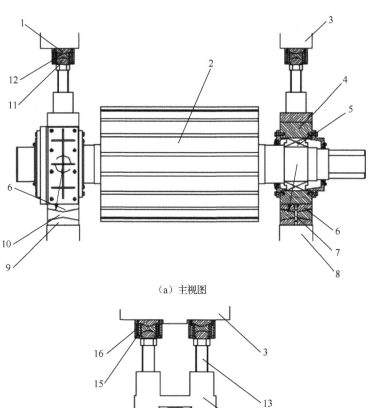

（a）主视图

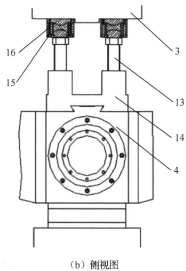

（b）侧视图

图 8.2　自位辊系机构

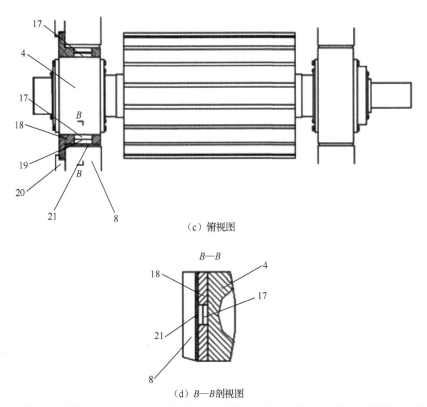

（c）俯视图

$B—B$

（d）$B—B$剖视图

1．下凸球面块；2．轧辊；3．上轴承座；4．轴承座；5．轴承；6．下凸弧面块；7．第一连接螺钉；8．机架；
　9．上凸弧面块；10．双凹弧面块；11．上凸球面块；12．双凹球面块；13．调节杆；14．预应力支座；
15．第二连接螺钉；16．带凸沿的自位块；17．圆柱销；18．轴向自位块；19．圆孔；20．挡板；21．铜滑板。

图 8.2（续）

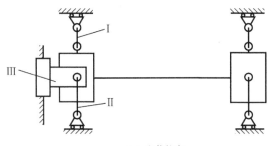

（a）空载状态

图 8.3　辊系简化的杆系机构

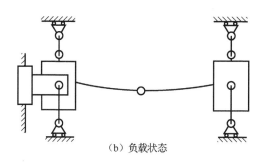

（b）负载状态

图 8.3（续）

在图 8.2 和图 8.3 中，上凸弧面块 9、双凹弧面块 10 和下凸弧面块 6 构成轧辊系统杆系机构中的下自位杆件 II，通过弧面实现自位功能，下凸球面块 1、双凹球面块 12 和调节杆 13 上的上凸球面块 11 构成轧辊系统杆系机构中的上自位杆件 I，通过球面实现自位功能，而轴向自位块 18 和轴承座 4 构成轧辊系统杆系机构中的轴向固定自位杆件 III，通过轴承座 4 上的圆柱销 17 与轴向自位块 18 中的圆孔 19 的配合实现轴向自位功能，因此，该发明的轧机具有自位调节功能。

8.3 空心列车轴楔横轧多楔同步轧制轧机的可更换辊系设计

空心列车轴楔横轧多楔同步轧制轧机可更换辊系如图 8.4 所示，其主要组成为：轧辊 1 和位于轧辊 1 两端的支承辊 2，支承辊 2 通过轴承 11 轴接在其所在一侧的轴承座 12 上，支承辊 2 的端部设置有锁紧螺母 10，轴承座 12 的两侧固定设置有轴承端盖 9，轧辊 1 的两端分别焊接有连接端 7，支承辊 2 上一体设置有安装平台 5，安装平台 5 的中间位置通过螺钉固定安装有沿轴向设置的连接键 8，连接端 7 与安装平台 5 相匹配，连接端 7 上设置有键槽（图中未标出），连接键 8 与键槽相配合，安装平台 5 的两侧分别设置有两个径向的第一开槽 15，第一开槽 15 内通过销轴 6 轴接有连接螺栓 4，销轴 6 上套接有铜套 16，铜套 16 位于销轴 6 与连接螺栓 4 之间，连接端 7 上设置有与第一开槽 15 位置相对应的第二开槽 14，连接螺栓 4 向内转入到第二开槽 14 中且通过螺母 3 与连接端 7 固定连接，连接端 7 与安装平台 5 之间固定设置有定位销 13。

轧辊系统中轧辊的安装更换过程为：将轧辊 1 的连接端 7 放置在支承辊 2 的安装平台 5 上，并使两者相配合，固定安装在安装平台 5 上的连接键 8 用于传递扭矩，然后向里转动轴接在安装平台 5 上的连接螺栓 4，使连接螺栓 4 转入到连接端 7 的第二开槽 14 中，并拧紧螺母 3 使轧辊 1 的连接端 7 与支承辊 2 的安装平台 5 相固定，最后打上定位销 13，即完成轧辊 1 的安装；当需要拆下轧辊 1 时，拧下螺母 3，向外侧转动连接螺栓 4，使连接螺栓 4 脱离连接端 7 上的第二开槽 14，然后卸掉定位销 13，便可将轧辊 1 从支承辊 2 上拆下，加工完成的模具，只要安装在拆下的轧辊上进行离线调试，调试完成后再与轧辊一起安装到轧辊系统中。

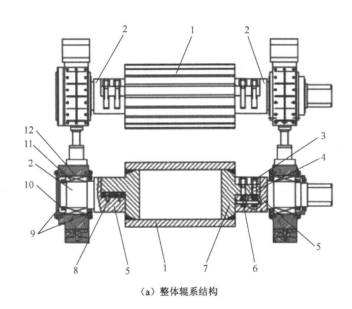

（a）整体辊系结构

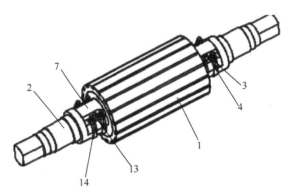

（b）轧辊与支承辊的连接结构立体图

图 8.4　空心列车轴楔横轧多楔同步轧制轧机可更换辊系

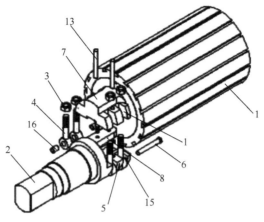

（c）固定连接机构的分解图

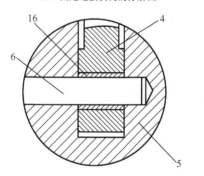

（d）图（a）中 A 处的放大图

1. 轧辊；2. 支承辊；3. 螺母；4. 连接螺栓；5. 安装平台；6. 销轴；7. 连接端；
8. 连接键；9. 轴承端盖；10. 锁紧螺母；11. 轴承；12. 轴承座；13. 定位销；
14. 第二开槽；15. 第一开槽；16. 铜套。

图 8.4（续）

8.4　空心列车轴楔横轧多楔同步轧制轧机的总体结构设计

空心列车轴楔横轧多楔同步轧制轧机的工作机座结构如图 8.5 所示，主要组成有机架 4、压下装置 2、上横梁 3、轧辊系统 1。轧机的主要技术参数如下。

（1）允许最大轧制力：7 300kN。

（2）允许最大轧制力矩：1 600kN·m。

（3）轧辊转速：1～7.06r/min。

（4）主电机功率：650～800kW。

（5）模具最大外径：ϕ1 600。

（6）辊身长度：2 200～2 300mm。

（7）轧件直径：ϕ180～230。

（8）上轧辊上下调整量：300～500mm。

（9）下轧辊轴向调整量：±10mm。

（10）下轧辊相位调整角度：±3°。

（11）压下电机功率：6～10kW。

（12）压下速度：0.150～0.168mm/s。

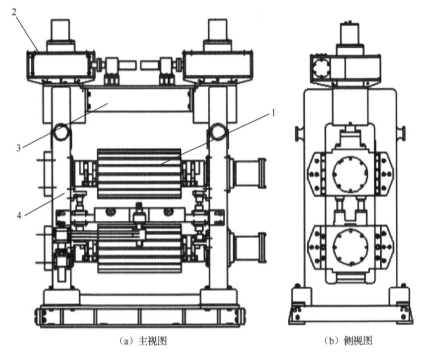

（a）主视图　　　　　　　　　　　（b）侧视图

1. 轧辊系统；2. 压下装置；3. 上横梁；4. 机架。

图 8.5　空心列车轴楔横轧多楔同步轧制轧机的工作机座结构

轧机总装图如图 8.6 所示[8-11]，主要由工作机座和传动系统组成，两者通过万向联轴器连接在一起。传动系统用于给轧辊系统传递动力，工作机座主要对轧件进行轧制，以成形空心列车轴。与现有设备相比，本轧机的优点是由于楔横轧的上、下轧辊系统的结构相同，且轧辊系统中的轧辊的连接端与支承辊之间设置有可拆卸的固定连接机构，轧辊系统中的轧辊可更换，即采用可更换的轧辊系统代替现有的整体不可更换的轧辊系统，模具加工完成后，无须在设备上进行模具调试，从而大大降低了大而复杂的模具的调试难度，也节省了调试时间，大幅度提高了设备的开工率，充分利用了设备资源，实现大型轴类零件楔横轧轧制的高效化、规模化生产。通过轧机自位机构，有效保证轧件均匀轧制，可获得轧制出的轧件内部组织均匀和变形均匀，提高了轧制产品的精度和质量，同时还可保证轧制时轧机轴承载荷均匀，提高了轧机轴承的寿命。

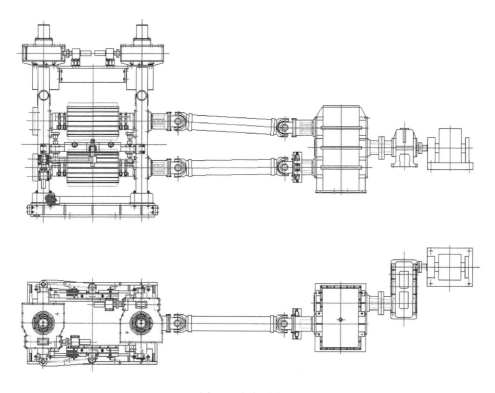

图 8.6　轧机总装图

8.5　空心列车轴楔横轧多楔同步轧制流线及主要辅机设计

8.5.1　轧制流线

楔横轧多楔同步轧制空心列车轴，为保证空心内径的一致，采用对加热后的轧件坯料穿入芯棒是最佳方法。因此，导致该轧制线的布置比普通楔横轧复杂，其轧制流线设计流程如图 8.7 所示。基于此轧制流线设计的自动化楔横轧多楔同步轧制空心列车轴流线示意图如图 8.8 所示，主要由加热设备 1、空心坯料 2、输送辊道 3、可变角度斜台架 4、穿芯棒装置 5、楔横轧机 6、成形轧件 7、抽芯棒装置 8 组成，本节将翻钢机和斜台架合为一体设计成可变角度斜台架。

```
空心坯料 → 加热 → 输送辊道 → 翻钢机
                                    ↓
                                  斜台架
                                    ↓
矫直 ← 抽芯棒装置 ← 轧机 ← 穿芯棒装置
 ↓
正火 → 抛丸 → 收集
```

图 8.7　轧制流线设计流程

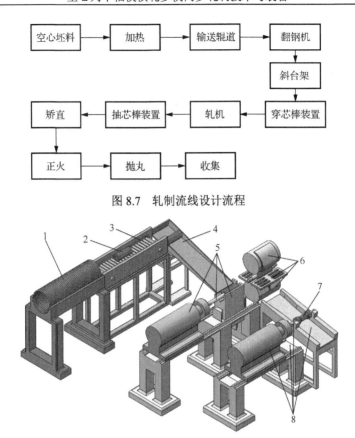

1. 加热设备；2. 空心坯料；3. 输送辊道；4. 可变角度斜台架；
5. 穿芯棒装置；6. 楔横轧机；7. 成形轧件；8. 抽芯棒装置。

图 8.8　轧制流线示意图

8.5.2　主要辅机设计

加热辊道等都是常规的设备，在此不再阐述。下面主要针对穿芯棒装置进行设计说明。

1. 穿芯棒装置

在穿芯棒前，空心坯料经可变角度斜台架传送至穿芯棒装置，可变角度斜台架的工作示意图如图 8.9 所示，可变角度斜台架主要由斜台架机架 1、半开放式料斗 3、凸轮 4 以及必要的转轴和电机等组成，凸轮 4 在电机的驱动下可以使半开放式料斗 3 实现一定角度的转动。可变角度斜台架工作时，半开放式料斗 3 在未受料状态下略微向上倾斜，空心坯料 2 经输送辊道传输至半开放式料斗 3 后，半开放式料斗 3 在凸轮 4 的作用下顺时针转动使工作台面向下倾斜，空心坯料 2 顺势滚动至穿芯棒装置的"V"形槽 5 内。

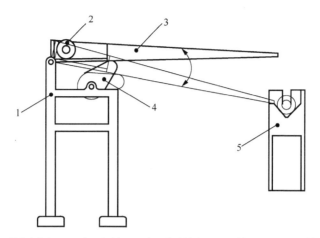

1. 斜台架机架；2. 空心坯料；3. 半开放式料斗；4. 凸轮；5. "V" 形槽。

图 8.9 可变角度斜台架的工作示意图

芯棒设计如图 8.10 所示，对称结构设计便于芯棒的快速装夹，两端轴颈的设计便于夹具定位和受力，两端部短轴段直径小于中间长轴段直径便于芯棒穿入空心坯料时的定位和引导。穿芯棒工序如图 8.11 所示，穿芯棒装置主要由 "V" 形槽 2、芯棒 3、夹具 4、导轨架 5 组成 "V" 形槽 2 可沿导轨架 5 上下升降，夹具 4 可沿导轨架 5 左右滑动。穿芯棒前 "V" 形槽 2 升至指定位置，空心坯料 1 经可变角度斜台架传送至 "V" 形槽 2，夹具 4 夹持芯棒 3，夹具、芯棒、坯料及 "V" 形槽的 "U" 形槽口应在同一轴线上，如图 8.11（a）所示。穿芯棒时夹具 4 夹持芯棒 3 穿过空心坯料 1，并穿过 "V" 形槽的 "U" 形槽口，空心坯料 1 的左端面被 "V" 形槽阻挡，实现芯棒在空心坯料 1 中的定位，如图 8.11（b）所示。穿芯棒后 "V" 形槽下降至导轨架台面以下，夹具 4 夹持穿有空心坯料 1 的芯棒 3 继续向左滑动，将穿有芯棒的空心坯料放置在轧机工作台面后松开芯棒并后撤完成穿芯棒工序，如图 8.11（c）所示。

2. 抽芯棒装置

抽芯棒工序如图 8.12 所示，抽芯棒装置由夹具 5、导轨架 6 和凹槽斜台架 7 组成。凹槽斜台架 7 的工作台面呈中间低两边高，并且上宽下窄，中部有凸起，这种结构设计能使轧制完成后带有芯棒的成形轧件 3 自动滚动至凹槽斜台架 7 的指定位置，并以芯棒轴线为基准实现带有芯棒的成形轧件 3 的精准定位，以便于抽芯棒。抽芯棒过程为：穿有芯棒的空心坯料 2 在楔横轧机 1 中完成轧制变形后掉到凹槽斜台架 7 指定位置，夹具 5 右移夹住芯棒后左移抽出芯棒，轧件 3 在凹槽斜台架 7 的凹槽侧壁的阻挡下脱离芯棒，并顺着凹槽滚入收集框内。

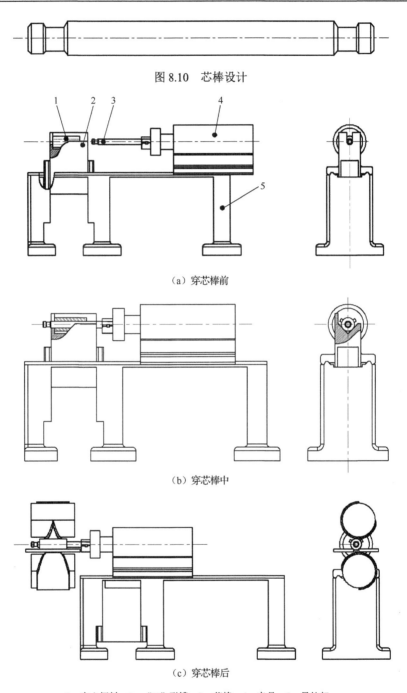

图 8.10　芯棒设计

（a）穿芯棒前

（b）穿芯棒中

（c）穿芯棒后

1. 空心坯料；2. "V" 形槽；3. 芯棒；4. 夹具；5. 导轨架。

图 8.11　穿芯棒工序

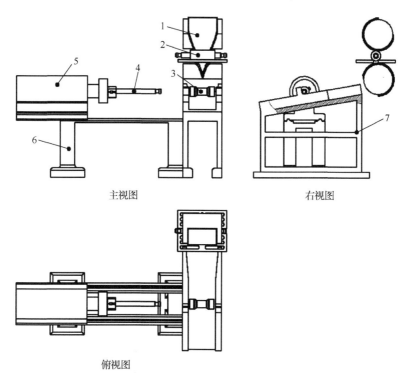

主视图   右视图

俯视图

1. 楔横轧机；2. 穿有芯棒的空心坯料；3. 带有芯棒的成形轧件；
4. 芯棒；5. 夹具；6. 导轨架；7. 凹槽斜台架。

图 8.12　抽芯棒工序

8.6　本 章 小 结

本章针对空心列车轴多楔同步轧制成形的特点，详细分析和设计了轧机的自位机构、可更换辊系，并结合设计图纸阐述了其机构的工作过程，在此基础上，给出了轧机的主要技术参数与轧机总装图，最后介绍了空心列车轴楔横轧多楔同步轧制流线及主要辅机设计。

参 考 文 献

[1] PATER Z, BARTNICKI J, GONTARZ Λ, et al. Numerical modeling of cross — wedge rolling of hollowed shafts[J]. 2004, 712（1）:672-677.

[2] BARTNICKI J, PATER Z. The aspects of stability in cross-wedge rolling processes of hollowed shafts[J]. Journal of Materials Processing Technology, 2004, 155–156（1）:1867-1873.

[3] BARTNICKI J, PATER Z. Numerical simulation of three-rolls cross-wedge rolling of hollowed shaft[J]. Journal of Materials Processing Technology, 2005, 164–165（20）:1154-1159.

[4] 胡正寰，张康生，王宝雨，等. 楔横轧零件成形技术与模拟仿真[M]. 北京：冶金工业出版社，2004.

[5] 束学道，胡正寰. 大型楔横轧机刚度边界元-有限元耦合法计算[J]. 中国机械工程，2004，15（2）:160-162.

[6] 申光宪，束学道，李明. 轧机微尺度理论和实际[M]. 北京：科学出版社，2005.

[7] 束学道，胡正寰. 楔横轧机滚动轴承载荷特性边界元法解析[J]. 冶金设备，2003，4:1-3,7.

[8] 束学道，李传斌. 一种自位型辊式楔横轧机，中国，专利号：ZL 200910154946.2[P]. 2009-11-25.

[9] 束学道，李传斌，邓益民. 一种楔横轧机的自位轧辊系统，中国，专利号：ZL 200910154947.7[P]. 2009-11-25.

[10] 束学道,李传斌,彭文飞,等. 一种可更换辊式楔横轧轧机的轧辊系统,中国,专利号: ZL 201210005628.1[P]. 2012-1-9.

[11] 束学道,孙宝寿,李传斌,等. 一种可更换辊系的铁道车轴辊式楔横轧机,中国,专利号:ZL201210004687.7[P]. 2012-1-9.